江苏省太湖流域
排污许可绩效评估与制度融合研究

马宗伟 高海龙 刘烨彤 李潍瀚 文 婷
王 拯 李 闯 李 娜 宋文玲 汤 玥 吴美玲 著

南京大学出版社

图书在版编目(CIP)数据

江苏省太湖流域排污许可绩效评估与制度融合研究 / 马宗伟等著. -- 南京 : 南京大学出版社, 2022.10

ISBN 978-7-305-26187-9

Ⅰ. ①江… Ⅱ. ①马… Ⅲ. ①太湖—流域—湖泊污染—排污许可证—许可证制度—研究 Ⅳ. ①X524

中国版本图书馆 CIP 数据核字(2022)第 179006 号

出版发行 南京大学出版社
社　　址 南京市汉口路 22 号　　邮　编 210093
出 版 人 金鑫荣

书　　名 江苏省太湖流域排污许可绩效评估与制度融合研究
著　　者 马宗伟 高海龙 刘烨彤 李潍瀚 文 婷 王 拯
　　　　 李 闯 李 娜 宋文玲 汤 玥 吴美玲
责任编辑 甄海龙　　编辑热线 025-83595840

照　　排 南京南琳图文制作有限公司
印　　刷 盐城市华光印刷厂
开　　本 787×960 1/16 印张 9.75 字数 200 千
版　　次 2022 年 10 月第 1 版 2022 年 10 月第 1 次印刷
ISBN 978-7-305-26187-9
定　　价 48.00 元

网址：http://www.njupco.com
官方微博：http://weibo.com/njupco
官方微信号：njupress
销售咨询热线：(025) 83594756

前　言

排污许可证制度是环境保护部门依据法律对企事业单位发放排污许可证并按照排污许可证进行监管，从而规范企事业单位排污的一项基础性环境管理制度，在世界各地被广泛采用并取得良好的控制效果，中国也十分重视排污许可证制度的研究和探索。

随着我国社会经济快速发展，污染物排放强度和环境保护压力不断提高，环境问题日益突出，一直以来，如何平衡经济增长和污染减排，是各级政府施政的关键问题。随着进一步简政放权和行政审批制度的改革，我国环境污染治理的重心逐步从事前审批向对排污单位的事中、事后监管过渡，并且逐渐明确排污许可证制度作为固定污染源环境管理核心制度的功能定位，形成以排污许可证制度为核心的环境管理制度体系[1]。

我国排污许可证制度工作逐步步入正轨。然而目前，我国排污许可证制度的实施尚存在分配方式不明确、执法监管力度薄弱、与其他相关环境管理制度之间衔接不足等突出问题，实施效果有待检验，完善工作还任重道远。

为此，笔者在太湖流域排污许可证绩效评估的研究实践经验基础上编写本书，尝试建立规范的符合实际的情况制度绩效评估体系，并采用计量经济学方法判断制度是否发挥污染减排效应，在此基础上提出排污许可证制度完善优化建议和制度融合措施，为审视该制度现状提供一个更为科学和全面的视角，为区域排污许可证分析和政策完善提供借鉴参考。

本书共分为八章。“第 1 章排污许可证概述”和“第 2 章环境政策评估概述”对排污许可证制度的基本概念、研究进展以及环境政策评估的一般方法进行理论概述。“第3章江苏省太湖流域排污许可证制度现状分析”、“第4章江苏省太湖流域排污许可绩效评估”和“第5章江苏省太湖流域排污许可证制度减排效果检验”针对太湖流域排污许可证制度的实施绩效、减排效果进行实例应用分析。“第6章现行排污许可制度问题诊断”、“第7章现行排污许可制度完善建议”和“第8章排污许可证制度融合经验分析与融合方案”结合我国排污许可证制度实际情况，从国家层面、区域层面以及企业层面提出排污许可证制度完善优化建议和制度融合措施。

目前，随着对排污许可证领域不断探索，相关研究发展较快，新的视角、方法不断涌现，加之编写时间仓促及作者水平所限，书中内容难免有疏漏或错误之处，敬请广大读者予以指正，以便再版修正。

本书得到水专项课题“基于水环境质量的太湖流域排污许可证管理技术及制度研究”(2018ZX07208—003)的资助，课题组其他成员单位为本研究的完成提供了许多有益的建议，为本研究工作提供了便利条件，在此一并表示感谢。

马宗伟

2022年7月于南京

目 录

表目录

图目录

第一章 概 述

1.1 排污许可证制度发展历程

1.1.1 国外排污许可证制度发展历程

排污许可证制度是环境保护部门依据法律对企事业单位发放排污许可证并按照排污许可证进行监管，进而规范企事业排污行为的一项基础性环境管理制度。排污许可证制度最早起源于瑞典，通过配备综合的管理模式，实现了对工业污染源的规范化、科学化的管理，从而降低环境污染[2]。瑞典在1969年颁布了《环境保护法》，针对排污许可制度的适用范畴、申领流程、审查机制以及对排污者的监督管理等方面做出了明确规定，在环境污染防治管理方面取得了较好的成就[3]。但由于其中缺少执法标准的明确规定，有相当大的弹性，同时考虑到其作为基本法，缺乏系统性等缺陷，经过多年编撰修改，瑞典于1999年颁布了《瑞典环境法典》，对所有单位、个人在生态环境保护方面拥有的权力和承担的责任进行明确规定。该法典以许可证制度作为综合管制的核心，对排污许可证制度做了更全面更严格的规定。此外，《瑞典环境法典》还规定成立环保法庭取代了原国家环境保护许可委员会和水法庭[4]，区域环境法庭负责环保案件的初审，最高法庭负责终审，并为了有效制裁环境违法行为，设置罚金以示惩戒。

排污许可证制度在美国污染源管理领域中也得到广泛应用并取得了显著的成果。20 世纪 40 年代到 70 年代是美国排污许可证制度的初步探索阶段，1948 年制定了《联邦水污染控制法》，也即《清洁水法》的前身[5]，1965 年通过了《水质法》，把提高水质作为水污染防治的工作重心，而后联邦与各州出台了一系列相关法案和标准，但效果都不理想。20 世纪 70 年代初到 80 年代末期是美国排污许可证制度的体系建立阶段。1972 年，美国国会对《联邦水污染控制法》进行了修改，《联邦水污染控制法修正案》正式通过，标志着美国排污许可制度的确立，并且确立由美国环境保护署（Environmental Protection Agency）掌握法律规范制定、批准、否决、监督的权利。1977 年，美国国会又对此法案进行再次修订，最终形成美国最重要的水污染防治法律——《清洁水法》。20 世纪 80 年代末期至今是美国排污许可证制度的强化监管阶段，1987 年，美国国会又在《清洁水法》的基础上进一步颁布了《水质法案》，开始逐步重视证后水质监测，制定了达到国家水质标准的目标战略[6]。借鉴《清洁水法》，1990 年美国国会又对《清洁空气法》进行修订，确立了针对大气污染物排放的许可证制度[7]。美国排污许可证制度从建立初期至今经历了不断完善的过程，在水污染、大气污染等污染源管理领域已经相当合理和成熟[8]。

1.1.2　我国排污许可证制度发展历程

我国排污许可证制度于 20 世纪 80 年代起步。1988 年，国家环保局制定了《水污染物排放许可证管理暂行办法》（环水字〔1988〕第 111 号）[9]，并要求地方进行排污许可证试点工作。1989 年召开的第三次全国环境保护会议上，正式将排污许可证制度确立为环境管理八项基本制度之一[10]。1996 年修正的《水污染防治法》规定了排污申报登记制，将排污许可制第一次写入了法律。2000 年发布的《水污染防治法实施细则》中将发放排污许可证的条件改为“不超过排放总量控制指标”。2000 年修订的《大气污染防治法》规定“按照核定的主要大气污染物排放总量核发主要大气污染物排放许可证”。2001年原国家环境保护总局发布了《淮河和太湖流域排放重点水污染物许可证管理办法(试行)》,这是国家制定的首部重点流域排污许可证专项规章。2003年,《行政许可法》出台,确立了行政许可制度,排污许可制度作为一项行政许可,必须要符合《行政许可法》的规定。2004年原国家环境保护总局对深圳市、杭州市、武汉市、沈阳市、唐山市、银川市等六所城市下发了《关于开展排污许可证试点工作的通知》,开展综合排污许可证试点的探索。2008年修订的《水污染防治法》规定“国家试行排污许可制度,禁止企业事业单位无排污许可证或者违反排污许可证的规定向水体排放前款规定的废水、污水”[11]。

随着经济发展与时代进步,公众开始意识到赖以生存的生态环境质量的重要性。而环境政策的实施能够在一定程度上对改善环境质量发挥正向作用[12-14],因此国家颁布了一系列法律法规以及方案制度以控制污染物的排放。而排污许可证制度作为国际公认切实有效的点源污染控制环境管理制度,受到国家高度重视,逐步形成以排污许可证制度为核心的环境管理制度体系。

从2013年我国进入“一证式”排污许可制度时期,将许可证作为运作平台,形成各项约束融于“一证”管理[15]。2016年11月,国务院发布了《控制污染物排放许可制实施方案》(国办发〔2016〕81号文),标志着排污许可证制度改革的全面启动。2017年,原环境保护部成立了排污许可与总量控制办公室,发布了十余个行业的排污许可证申请与核发技术标准,发布了排污许可分类管理名录等指导类文件,建立了全国统一的管理信息平台并投入使用[16]。2018年,原环境保护部发布《排污许可管理办法(试行)》(环境保护部令第48号),对制度的执行内容、许可证发放范围都加以细化完善,并且加大对超标排放的处罚力度,增强该制度与其他环境管理制度的衔接。“十三五”期间,我国基本完成了所有固定污染源的排污许可证核发工作,初步建立排污许可证制度。2021年后,排污许可改革进入了另一个重要时期[17],排污许可制将得到真正意义上的全面实施。2021年1月正式公布的

《排污许可管理条例》(国令第 736 号)明确了对排污单位实行分类管理、严格申请审批程序、强化信息公开,强调加强事中事后监管,标志着排污许可证制度建设迈向法治化发展的新征程。接下来排污许可证制度工作推进的核心内容,就是深化改革完善以排污许可制为核心的固定污染源监管制度体系[18]。2022 年 3 月发布的《关于加强排污许可执法监管的指导意见》(环执法〔2022〕23 号)进一步聚焦当前排污许可执法监管过程中存在的问题和困难,从规范流程、强化跟踪监管、开展清单式执法检查、强化执法监测、健全执法监管联动机制、严惩违法行为以及加强行政执法与刑事司法衔接等七个方面明确了地方政府、有关部门、排污单位在排污许可执法监管中的责任,并提出 2023、2025 年的目标,切实推动以排污许可制度为核心的固定污染源执法监管体系的建立。

排污许可制度与环境影响评价制度、总量控制制度、固定污染源环境统计制度等已有环境管理制度进行融合衔接,有助于对固定污染源类建设项目的整个生命周期进行有效管控,对环境管理工作持续优化,有效指导企事业落实污染防治责任,履行依法排污行为,为优化生态环境治理体系奠定基础。

在排污许可制度与其他环境管理制度的衔接方面,国务院办公厅印发的《控制污染物排放许可制实施方案》(国办发〔2016〕81 号文)提出建立健全企事业单位污染物排放总量控制制度,有机衔接环境影响评价制度。2017 年 11 月发布的《关于做好环境影响评价制度与排污许可制衔接相关工作的通知》(环办环评〔2017〕84 号)要求各级环保部门要切实做好环境影响评价制度和排污许可制度的衔接工作,明确提出环境影响评价制度是建设项目的环境准入门槛,是申请排污许可证的重要依据。排污许可制是企事业单位生产运营期排放污染物的法律依据,也是保证环境影响评价提出的污染防治设施措施真正落实落地的保障。2021 年生态环境部印发了《关于落实〈关于构建以排污许可制为核心的固定污染源监管制度体系实施方案〉试点工作方案》(环评函〔2021〕76 号),组织河北省等 14 个省市自治区开展试点工作,内容涵盖组织开展工业固体废物纳入排污许可管理试点研究,组织研究将环境噪声纳入排污许可管理的内容及实施路径,组织开展排污许可制与环境影响评价制度有机衔接改革试点等18项内容,积极探索可复制、可借鉴、可推广的经验,全面推进实施排污许可制。2022年4月生态环境部发布《"十四五"环境影响评价与排污许可工作实施方案》(环环评〔2022〕26号),明确要求健全环评和排污许可管理链条,完善涵盖生态环境分区管控、规划环评、项目环评、排污许可的管理制度体系,明确不同管理制度间的功能定位、责任边界和衔接关系,避免重复评价的现象,从深化体制机制改革,加强生态环境分区管控,加强法规体系、技术体系、队伍建设等多方面深化环评与排污许可制度衔接。

1.1.3 江苏省太湖流域排污许可证制度探索历程

江苏太湖流域位于长江三角洲地区腹地,流域内社会经济发展迅速,由于流域内人口密集,工业企业数量较多[19],化工、制造业比例大,污染物排放量居高不下,流域内水环境污染问题屡见不鲜,蓝藻爆发频繁。

目前江苏省太湖流域水环境治理逐步进入波动、趋缓的瓶颈期,水环境治理工作还需努力。2017年5月10日,太湖出现了2009年以来面积最大的一次水华现象,达到1 403 km^2(见图1-1)。可见,经过多年的整治工作,江苏省太湖流域水环境质量虽然有所提升,但是并没有转变其藻型湖泊的本质。

江苏省积极探索建立排污许可制度,推进排污许可证制度改革地方试点。2011年江苏省政府出台《江苏省排放水污染物许可证管理办法》(江苏省人民政府令第74号),2015年江苏省生态环境厅印发的《江苏省排污许可证发放管理办法(试行)》(苏环规〔2015〕2号),并根据国家大气、水污染防治行动计划制定省级污染防治工作计划,积极推行污染物排放浓度控制、总量控制管理办法,加强排污许可信息管理平台的建设,明确排污许可证制度监管部门责任,落实排污单位主体责任,发展第三方市场以减轻企业负担。2017年以来,江苏省积极推进排污许可证制度改革,无论是发证数量还是登记数量都处于全国领先水平。2018年提前完成国家下达的33个重点

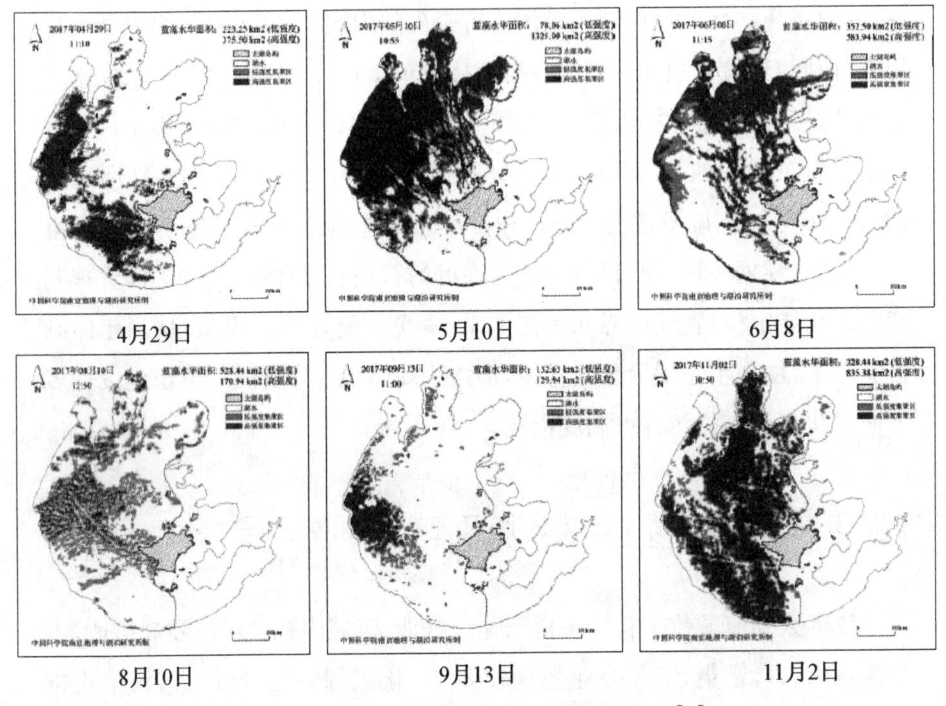

图 1-1　2017 年太湖水华卫星遥感影像图[20]

Fig. 1-1　Satellite Remote Sensing Image of Water Bloom in Taihu Lake in 2017

行业的发证任务，2019 年完成 82 个行业的排污许可证核发任务，2020 年根据最新发布的《固定污染源排污许可分类管理名录》（生态环境部令第 11 号）开展排污登记工作，纳入发证管理的约 4 万家，纳入登记管理的约 25 万家[21]。目前，江苏省全面完成发证、登记、清理任务，提前实现了排污许可发证率和登记率“双百”的目标，基本实现了排污许可管理全面覆盖，太湖水环境质量改善也初显成效。

根据水利部太湖流域管理局最新公开数据（见图 1-2），2018 年氨氮、总氮浓度已达到《太湖流域水环境综合治理总体方案修编（水利部分）》确定的 2020 年目标。而 2018 年《江苏省生态环境状况公报》显示，太湖湖体平均水质保持稳定为Ⅳ类，总氮、总磷、化学需氧量、氨氮相比于 2007 年分别下降 57.9%、29.6%、44.1%、90.3%，连续 11 年实现了国家提出的“确保饮用水安全”的水质目标[22]。

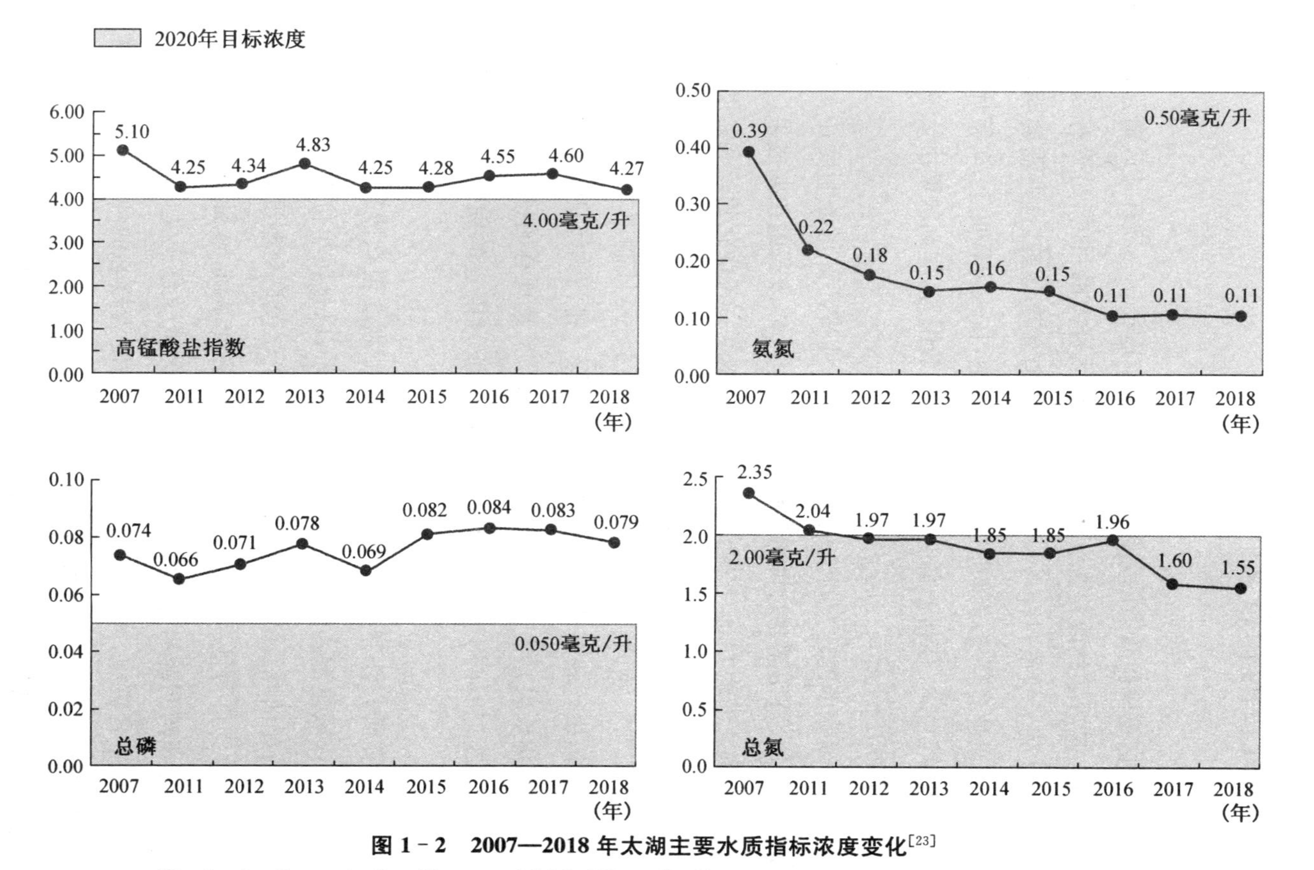

图 1-2 2007—2018 年太湖主要水质指标浓度变化[23]

Fig. 1-2 Concentration Changes of Main Water Quality Indexes in Taihu Lake from 2007 to 2018

1.2 研究目的和意义

政策评估是检验政策的效果和效率的基本途径。一项环境政策是否达到政策目标，是否达到改善生态环境、保护自然资源的目的，是否有效治理污染；如果达到了政策目标，执行手段又是否有效率等等，这些需要明确的内容都可以通过对环境政策进行评估得出结论，在一定程度上，政策评估可以决定政策的去向，有利于实现政策资源的有效配置，提高政策决策的科学化和民主化水平[24]。

为了继续稳步提升太湖流域水环境质量，使排污许可证制度在太湖流域更好地落地，迫切需要对排污许可制度自2016年改革的初期成果进行检验，确保改革的正确方向，并提出排污许可证制度完善优化建议和制度融合措施。

为此，需要具体回答三个问题：一是在排污许可证制度之下，江苏省太湖流域的政策执行政策评估结果如何？二是探寻排污许可证制度对排污单位污染物减排效果是否产生显著的积极作用？三是现有的排污许可证制度存在什么问题，如何构建合理高效的以许可证为核心的固定污染源管理制度？

本书旨在研究江苏省太湖流域排污许可证制度现状情况的基础上，探索建立太湖流域排污许可证制度政策评估体系，以排污单位为对象设计评估指标，进行评估以及结果分析；运用计量经济学模型对制度效果进行实证分析，检验排污许可证制度执行的减排成效；在此基础上，针对目前排污许可工作中存在的问题和与其他环境管理制度衔接融合程度，提出完善优化建议和制度融合措施，为我国以排污许可证制度为核心的环境管理制度体系工作推进、政策完善提供指导。

本书技术路线图如图1-3所示：

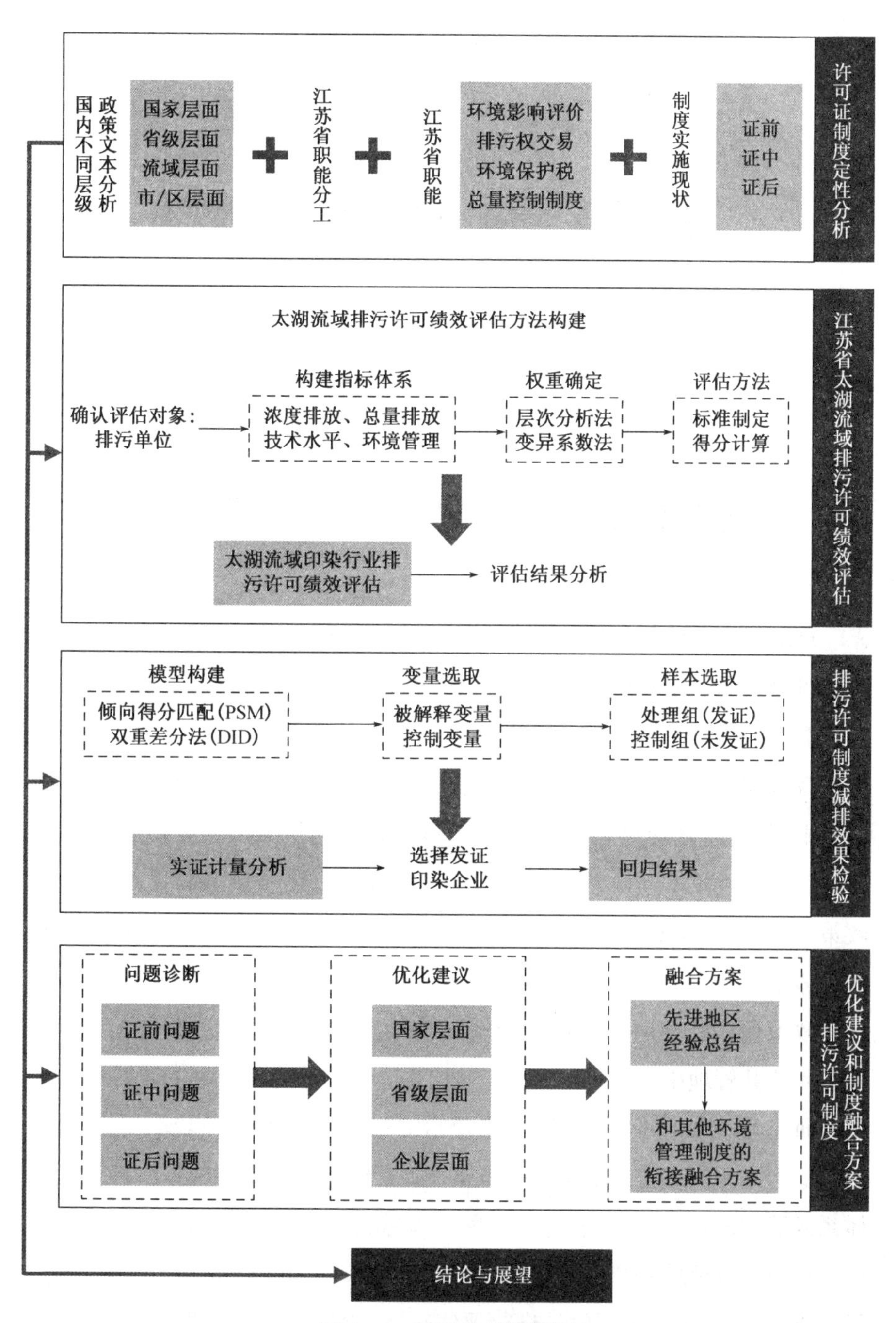

图 1-3 技术路线框架图

Fig. 1-3 Technology Frame

第二章　国内外研究现状

2.1　环境政策绩效评估研究现状

环境政策绩效是指环境管理主体基于环境目标,调控其环境行为所取得的可测量的环境管理系统成效。环境政策评估则是对环境管理政策实施后所取得的环境政策绩效进行测量和评价的一种方法或工作机制,是实施环境政策绩效管理、开展环境政策绩效研究的核心内容和难点问题。

根据评估、管理对象的不同,环境政策评估包括战略环境政策绩效、地区(区域)环境政策绩效、部门环境政策绩效、行业环境政策绩效、组织环境政策绩效、项目环境政策绩效等[25]不同的类型,它们共同构成了环境政策评估体系。

政策评估最早是在投资项目管理、人力资源管理等方面被应用,后来才被引入公共管理中。到了20世纪70年代,美国环境保护署的水环境办公室和研究与发展办公室对其开展研究,后逐步应用于环境公共政策领域[26]。环境政策评估通过定性和定量相结合的对比分析,根据构建的指标体系或数学统计方法,按照特定的程序和标准对政策进行有效的评估考核。

环境政策评估是科学制定和实施环境政策的内在要求[27],评估者通过科学研究,对政策的执行效果进行评估,最终给出结果和相关政策建议[28]。准确地对环境政策开展政策评估,对科学地制定、高效地执行和精准地完善环境政策提供了技术支持，从而有助于实现政策运行和决策，更好地配置政策资源，提高政府正确履行职责的能力和水平[29]，实现经济建设与环境保护相协调[30]。

2.1.1　国内外环境政策评估发展历程

环境政策评估早期在欧美的发达国家兴起，其中以美国最为突出，其评估方法等也更为系统完备。例如，美国耶鲁大学和哥伦比亚大学构建了衡量环境水平的环境绩效指数(EPI)，为环境政策评估分析提供了一个理论框架，引导各个国家实现环境可持续性发展，对科学地做出环境决策具有重要意义[31]。美国政府以行政命令的形式强制要求相关部门定期对环境政策进行评估[32]。

在国家层面，在部分较早开展评估的国家中(如美国、日本等)，环境政策评估已经被纳入了立法范畴[33]，并建立健全的政策评估制度来支持政策评估工作。法国早在 1985 年就从法律上确立了政策评估的地位，规定国家级的计划、项目未经政策评估不能启动。法国 1989 年成立国家研究评估委员会，先后有 16 个法律法规文件对该机构人员组成、职能机构、评估费用等方面做了明确的规定。2003 年，美国颁布的《政策规定绩效分析》，全面系统地规定了实施公共政策评估的流程方法。2011 年奥巴马签署了《政府绩效与结果现代化法案》[34]，方案要求联邦政府部门设定可以衡量的绩效目标，加强部门间协调以避免重复性计划的出台，并将绩效进展在网站上公开和更新。韩国于 2006 年颁布《政府业务评价基本法》，明确规定自行评估的法律根据、评估方式、评估时期、评估主体等内容，将原先不同法令规定的重复、片面的各种评价制度融合为一体，确立了系统化、一体化的政策评估制度[35]。日本在 20 世纪 90 年代引入政策评价制度，2001 年出台的《关于行政机关实施政策评估的法律》[36]对内阁和政府的各个部门提出要求，要求有关部门在权限范围内都要实行政策评价[37]，2002 年实施《关于行政机关实施政策评价的法律(评价法)》，要求内阁和政府的各部门都要实行政策评价[38]。

在地区层面，欧洲环境局建立了环境政策评估指标体系，以监测欧盟各个成员国环境政策绩效的变化；经济合作与发展组织（OECD）在 1999—2000 年完成了第一轮环境政策评估过程，对 31 个成员国及部分非成员国都开展了系统的、独立的环境政策评估工作；亚洲开发银行 2003 年开启了大湄公河次区域环境政策评估的尝试[39]。

国外政策评估技术总体相对比较成熟，主要体现在内部评估与外部评估相结合、定量分析与定性分析相结合、专家评估与民众意见相结合，另外非常注重信息的透明公开，信息渠道畅通，信息时效性强，值得我国开展政策评估活动时结合实际情况加以借鉴。

目前我国的环境政策评估体系发展仍不成熟，并未像美国和欧盟那样建立规范的评估制度。环境政策评估的研究在 2000 年之后才逐步受到环境研究者和媒体的关注，我国政府在同时期也逐步重视生态环境保护政策的制定与实施，以期达到改善、解决生态环境污染的目的。同时，越来越多的学者意识到生态环境保护与经济增长、工业产业发展与企业生产绩效提高间的权衡问题[40]。

我国环境政策评估案例见表 2 - 1，典型案例如陈雯[41]立足于经济系统和环境系统的耦合关系，评估水污染治理投资以及水污染税政策的综合影响。曲超等人[42]基于 2010—2017 年贵州省赤水河流域的毕节市、遵义市和湖南省沅江流域湘西市以及怀化市的面板数据，运用双重差分法模型评价赤水河流域横向生态补偿政策对污染物总量减排绩效影响。邓远建[43]等人运用层次分析法计算生态补偿政策实施前后指标效益分值，以此为依据评估政策效果。彭靓宇[44]等人采用压力—状态—响应（PSR）模型构建指标体系，对天津市 2006—2010 年区域环境绩效进行评价。张家瑞[45]等人采用数据包络分析方法针对 2001—2012 年滇池流域的排污收费制度、污水处理收费制度和阶梯水价政策实施效果和实施效率进行评估分析。

从政策评估开展的空间范围来看，我国现有研究开展的空间尺度大到全国，小到一个市、区、流域或工业园区。大范围的研究有助于宏观把握国

表 2-1 我国环境政策评估案例汇总

Table 2-1 Summary of Environmental Policy Assessment Cases

评价政策	评价对象	评估时间范围	评估空间范围	评估方法	主要目的和内容	参考文献
水污染治理政策	政府+企业	2005—2010	全国	一般均衡模型(CGE)	建立了水污染排放和水污染税数据库,设置了造纸业水污染及治理的模拟基线。	中国水污染治理的动态CGE模型构建与政策评估研究[41]
生态补偿政策	政府	2010—2017	赤水河流域	双重差分法(DID)	判别生态补偿政策实施后的减排效果;识别影响政策的因素	基于DID模型的流域横向生态补偿政策的污染减排绩效评价[42]
生态补偿政策	政府	/	武汉市东西湖区	层次分析法	确定指标权重、计算生态补偿前后指标效益分值对政策效果进行评估	绿色农业产地环境的生态补偿政策绩效评价[43]
区域环境政策评估	政府	2006—2010	天津	用压力—状态—响应模型	构建指标体系	基于PSR模型的区域环境绩效评估研究——以天津市为例[44]
				目标渐进法、历史比较法	数据标准化处理、评估结果修正	
排污收费制度、污水处理收费制度和阶梯水价政策	政府+企业	2001—2012	滇池流域	数据包络分析(DEA)	判别政策实施效果和技术有效性、计算效率值;识别影响政策的因素	滇池流域水污染防治收费政策点源防治绩效评估[45]
水排污收费政策	政府+企业	2004—2009	全国	逻辑框架法	构建政策的目的、投入、产出之间的逻辑关系,进行等级评定	基于逻辑框架法的水排污收费政策成功度评估[46]

（续表）

评价政策	评价对象	评估时间范围	评估空间范围	评估方法	主要目的和内容	参考文献
				层次分析法	对目的、投入、产出进行权重赋值	
				成功度等级评价法	评估政策目标的实现程度	
饮用水水源保护措施	政府	2011	海南省	层次分析法	用饮用水水源数据构建指标体系、指标权重建立、分析管理成效	海南省饮用水水源保护环境绩效评估体系构建研究[47]
排污权有偿使用和交易	政府	2015—2016	福建省	投入/产出—影响分析法	评估现有试点工作开展情况、分析全面开展的可能性	福建省排污权有偿使用和交易工作评估分析[48]
省级环境政策绩效指数研究	政府	2009	全国 30 省	熵权法	用熵值确定指标权重	基于熵权法的中国省级环境绩效指数研究[49]
黄河部分流域	政府	2000—2005	黄河济南段	层次分析法 & 熵值法	计算指标权重	黄河济南段环境绩效评估研究[50]
				灰色关联分析 & 模糊优选	计算环境政策绩效	
省级绩效指数及分布研究	政府	2012	广西 14 市	目标渐进法、熵权法	对指标进行标准化处理、权重赋值	广西生态建设的环境绩效评估研究[51]
				GIS 空间分析、雷达图	环境政策绩效指数空间分布、环境政策绩效指数与指标发展先进与否研究	

（续表）

评价政策	评价对象	评估时间范围	评估空间范围	评估方法	主要目的和内容	参考文献
企业的环境政策评估	企业	/	/	生态效益指标架构	企业的生态效益、可持续发展、政策评估	企业的环境责任与环境绩效评估[52]
				ISO 14031 环境评估系统		
				因子 X 方法		
流域水污染防治政策评估、水污染防治效果和水质变化	政府	2007—2009	赣江流域	层次分析法	确定指标权重	流域水污染防治绩效评估体系研究[53]
水环境治理评价体系（浙江省五水共治）	政府	2015	浙江	驱动力—压力—状态—影响—响应模型（DPSIR 模型）	利用模型计算绩效指数	基于 DPSIR 模型的浙江省“五水共治”绩效评价[54]
				专家排序打分法	确定指标权重	
总量减排	政府	/	清河流域	层次分析、均方差分析	主客观结合，更真实	组合赋权法确定清河流域总量减排绩效评估指标权重[55]
污水治理	企业	/	工业园区企业	层次分析法	建指标、确权重	基于层次分析法的企业污水治理评价指标体系权重确定[56]

（续表）

评价政策	评价对象	评估时间范围	评估空间范围	评估方法	主要目的和内容	参考文献
水污染物减排	政府	2005—2012	太湖流域	层次分析法、德尔菲法、熵权法	确定指标体系、权重赋值	太湖流域水污染物减排绩效评估体系构建及指标权重的确定[57]
水污染物减排	政府	2005—2012	太湖流域	层次分析法、德尔菲法、熵权法	确定指标体系、权重赋值	太湖流域水污染物总量减排绩效评估体系建立[58]
畜禽养殖污染减排	政府	/	太湖流域	市场价值法、影子工程法	污染政策评估	太湖流域畜禽养殖不同污染减排模式的环境绩效评估[59]
环境治理效果分析	政府	1996—2002	太湖流域	多元线性回归模型作为政策驱动力模型	判断环境政策治理效果：货币化成本下降	太湖流域水环境变化的货币化成本及环境治理政策实施效果分析——以江苏省为例[60]
水污染治理效果	政府	2005—2012	太湖流域	熵权污染指数法	结合污染物浓度计算政策效果	基于污染指数法的太湖流域水污染治理效果分析[61]

家或各省份的环境保护工作发展状况，指导未来工作计划。小范围的研究可以评估地方工作绩效或流域区域环境整治工作绩效，有利于重点针对、集中发力整治薄弱环节。

从研究时间上看，现有研究主要集中在2000年以后，时间范围为1年到近20年，多集中在1年到10年之间，部分研究结合中国的“十一五”规划或“十二五”规划，将政策评估与经济发展规划相结合，更能反映政府工作的成功度，充分体现我国特色，对其他地区或部门开展政策评估工作具有重要指导意义。少部分研究通过情景设定对未来政策进行模拟，预测污染减排效应、评估政策绩效。

2.1.2　环境政策评估标准

环境政策评估的标准是指进行政策评估时应坚持和遵循的客观尺度和水准[62]，尽可能地减少分析人员对其的主观影响，最大程度上反应事实分析的客观性。同时评估标准要具有可操作性，具体细致，保证其原则的实现。环境政策评估的标准具体包括公平标准、回应性标准、效果标准、效率标准，在具体的评估中，这些标准将被转化成可测量的指标[63]。

评价指标的设置是实施政策评估的关键与起点，环境政策作为公共政策的一部分，不仅需要着重于环境质量的提升，而且需要兼顾经济、技术及社会发展水平的可行性[64]，因此多数观点认为环境政策评估指标应由政策执行效果、政策执行效率、政策产生的影响、政策公平性等方面以及有关具体指标共同构成[65]。

政策执行类指标一般要考虑环境政策过程管理有效性，评估政策执行过程中是否存在低效率现象，还要考虑环境政策实施资金管理有效性，评估政策相关资金是否有违规截留和不合理使用现象[66]。

政策效果指标主要针对政策目标的完成情况，比如一项政策执行一段时间后对环境质量的改善成效是否达到预期目标[67]、达到的程度如何等。

政策效率指标是对政策效益的分析，根据环境政策投入的技术、资金、设备、人员素质等情况明确制定该项标准。

政策影响指标需要考虑经济影响、社会影响，经济影响主要指政策对经济发展及收入的影响，社会影响指公众对政策的满意程度、环保意识等等。

政策公平性标准指一项政策执行的成本和收益在相关利益主体中分配的公平程度[68]，环境政策不能为了部分人的发展而牺牲其他人的环境权益。

2.1.3 环境政策评估方法

环境政策评估的研究已开展较多，关于评估的方法越来越多样化。Davis[69]采用断点回归法对1986年至2005年间墨西哥城的小时污染物数据进行回归分析，结果显示限行政策对居民购车行为带来了影响，并没有明显改善环境污染状况。Oueslati W等人[70]研究环境税改革的短期和长期宏观效应，利用基于人力资本积累的内生经济增长模型，结果表明，绿色税改利用环保税收入减少工资税的长期福利效应是取决于资本调整成本的，其短期福利效始终都是负的。Chen等人[71]应用DID模型研究了举办奥运会对北京市空气质量的影响，结果显示北京奥运会期间实施的一系列环境规制措施是对北京市空气质量产生了明显但是短暂的提升作用。Hassan[72]等人运用CGE模型研究了用水政策改革对水资源利用、分配的影响。Greenstone等人[73]运用断点回归设计研究美国国会1980年通过的《清理有害垃圾法案》对清理点房屋财产价值的影响。吴明琴等人[74]通过DID模型对1998年实施的“两控区”政策开展分析。丛晓男等人[75]利用CGE模型，探寻征收碳关税对于发展中国家的影响。赵微等人[76]采用变异系数法评估人类活动对地下水环境的影响。PetrŠauer等人[77]为环境政策实施后评估开发了一种新颖的方法，将评估过程分为基本评估和综合评估，定性与定量相结合，涵盖了环境、经济和制度社会，并应用多标准分析作为其主要方法论工具，目前该方法已被捷克环境部批准为用于环境政策评估的方法之一。

总结分析现有研究，可以发现主流的环境政策研究方法可以分为指标体系综合评价法、计量经济实证模型法、系统模型法三类。

2.1.3.1 指标体系综合评价法

指标体系综合评价法指将政策实施的效果按照影响政策实施的相关因素逐级向下分解至可以进行量化的指标，并根据主客观方法，确定指标间的权重，主要用于不同主体政策实施效果的对比检验或同一主体实施不同政策策略的对比检验。

指标体系综合评价法的核心在于指标体系的构建和权重的确定。

1. 指标体系构建方法

指标体系的确定需要结合政策实施的经济性、效率性、有效性进行确定。不同行业领域运用指标体系综合评价法进行政策评价采用的方法和考虑的因素不同。

其中生态环境评价领域最常使用的模型为DPSIR，即驱动力、压力、状态、影响、响应模型。模型最早由加拿大统计学家工 David J. Rapport 和 Tony Friend 提出，联合国合作开发署与经济合作发展组织在20世纪90年代开始利用这一方法进行环境指标的制定和环境政策的评价。其中驱动力指造成资源环境变化的潜在原因（社会、人口、经济），压力指人类活动对其紧邻的资源环境以及自然资源环境的影响（资源能源消耗度），状态指资源环境的实际状况，影响指系统所处的状态对资源环境及社会经济发展的影响，响应指人类对生态环境状态变化做出的响应或反应。

2. 指标权重确定方法

确定指标体系权重的方法可以分为主观赋值法和客观赋值法两大类。客观赋值法，即计算权重的原始数据由各测评指标在被测评过程中的实际数据得到，如熵权法等；主观赋值法即计算权重的原始数据主要由评估者根据经验主观判断得到，如层次分析法等[78]。

1）层次分析法

层次分析法是指将与决策有关的元素分解成目标、准则、方案等层次，并按照因素间的相互影响以及隶属关系将因素按不同层次聚集组合[79]，采用相对尺度将两两因素相互比较，对比重要性程度评定等级，尽可能减少性质不同的诸因素相互比较的困难以提高准确度。层次分析法是一种较好的主观权重确定方法。其操作步骤为：构建判断矩阵，层次单排序，一致性检验，层次总排序。

2）熵权法

熵是系统无序程度的度量之一，可以利用熵值来判断某个指标的离散程度，熵权法认为离散程度越大的指标，其对综合评价的权重也就越大。利用这个特点，可使用信息熵为多指标综合评价体系权重确定提供依据。

熵权法是目前研究中最常用的客观赋权方法，可以避免人为因素带来的偏差。相对主观赋值法客观性更强，能够更好地对所得到的结果进行解释。但同时由于忽略了指标本身重要程度，熵权法有时确定的指标权数与预期结果相比有较大偏差，因此应用指标体系综合评价法时，常常同时结合主观赋值法和客观赋值法来确定指标的权重。

2.1.3.2 计量经济实证模型法

实证研究是基于对客观事实、数据进行系统的验证，而得出问题结论的研究。实证研究的三大特征是有数据、以证据为依托、研究可以重复验证。而计量经济指以一定的统计数据资料和经济学理论为基础，运用数学、统计学方法，定量分析研究具有随机性的变量之间关系的模型，以反映事实的统计数据作为依据，用经济计量的方法探索实证经济规律或进行政策检验等研究数学模型的实用化。

运用计量经济进行实证研究被广泛应用于在公共政策评估中，常见的方法有断点回归法和双重差分法等。

1. 断点回归法

断点回归（Regression Discontinuity）是一种能够有效利用现实约束条件分析变量之间因果关系的实证方法，根据随机自然实验去除内生化需求，在解决内生性问题上，断点回归方法为局部效应研究提供的天然的外生捷径具有独有的优势，被广泛应用于经济学领域[80]。

2. 双重差分法

双重差分法(Difference-in-Difference，DID)又叫倍差法，于 1985 年在普林斯顿大学的 Ashenfelter 和 Card 的一篇项目评价文章[81]中被首次使用，现在已在生态环境保护领域被众多学者应用。双重差分方法基于自然试验得到的数据，通过对比政策实施前后不同群体的趋势变化来判断政策效果[82]，能够有效控制研究对象间的事前差异，有效地避免内生性问题以及企业异质性对研究对象的影响，并能够控制政策与其效果之间的内生关联，将政策影响的真正结果分离出来[83]，有效识别出政策净效应。

2.1.3.3　系统模型法

系统模型法是指利用模型和模拟进行预测的方法，根据预测目标的要求，用若干参数来对预测目标的本质进行描述。通过建立预测模型，可以帮助认识系统中的构成因素、功能及其相应的地位，有助于了解各因素间的相互关系，进一步运用数学方法，得到预测目标的因果关系。

1. CGE 模型

CGE 为 Computable General Equilibrium 的缩写，也即可计算一般均衡。可计算一般均衡模型的基础是一般均衡理论。一般均衡的概念由 Walras 提出，通过一系列方程构建了宏观经济活动之间的联系，将复杂的理论简单化。这些方程涵盖了包括生产、贸易、需求等方面，对经济系统中各经济主体以及经济主体的活动之间的联系进行了详细的说明。一般均衡理论是相对于局部均衡而言的，它假定某种商品的需求以及供给，不单单取决于自身的价格，还取决于其他所有商品和要素的供给和价格。达到一般均衡时，所有市场的总供给和总需求都将达到均衡。一般均衡模型就借助于一般均衡理论，假定所有模块都可以实现平衡，因此构建了各个模块的方程。通过这些方程可以帮助研究者模拟宏观政策的实施效果，这也是一般均衡模型得到广泛使用的原因[84]。

环境 CGE 模型引入了环境政策、能源消耗等变量，模拟环境政策冲击时对经济系统中各个主体、各个部门的复杂影响，可以考虑多种环境政策的作用，实现动态分析，模型还可以实现线性或非线性分析，能够应对执行措施发生改变的复杂状况。

2. DEA 数据包络分析

DEA 可评估政府部门的管理绩效、政策实施产生的技术效率；可用于长时间尺度的评估；是一种定量方法，终端为管理效率。

数据需求为投入指标和产出指标两种，可以理解为成本和收益，一般数据需求为政府的政策投入，现有文章采用的是政策收费征收额；产出指标是政策带来的污染减排或资源节约以及其他环境经济效益。DEA 用于评估多投入多产出情况；不需要预先考虑投入与产出之间的函数关系；不需要预先估计参数的权重，克服了权重设置时主观因素的影响。DEA 模型用规模效率来表征政策的效率水平，规模效率指在技术和管理水平一定的前提下，现有水污染防治投资规模与最优投资规模之间的差异，数值越大，代表政策效率水平越高[85]。

3. 系统动力模型

系统动力学(System Dynamics)是由美国麻省理工学院斯隆管理学院的福雷斯特教授在社会科学的研究过程为了使人们决策更加科学而提出的。其应用领域多集中在企业生产与销售的管理、人类的发展、食物链运行、生态环境保护、自然资源消耗过程等与经济社会有关的问题[86]。

系统动力模型应用系统动力学的原理分析系统的结构、行为以及因果关系，并对系统的动态变化进行模拟，构建结构模型，进而在不同的假设条件下进行计算机仿真运算，预测出各种情况下系统的动态行为。能较好地体现出环境的系统性、非线性、动态性、区域性等特征属性。可通过建立了一系列系统动力学方程，模拟世界的发展过程，为人类环境生存的战略决策及合理规划提供依据。

2.2　我国排污许可证制度研究现状

2.2.1　排污许可制度绩效评估研究

我国针对排污许可证制度的绩效评估的研究相对较少，大部分研究是结合中国的“十一五”规划、“十二五”规划来开展的。比如 Zhang 等人[87]以“十二五”规划的水质目标为基础，通过 SWAT 模型模拟评估中国嫩江流域排污许可证制度的实施效果，验证了排污许可证制度的有效性。

“十二五”水体污染控制与治理科技重大专项中的太湖流域(江苏)控制单元水质目标管理与水污染物排放许可证实施(课题编号:2012ZX07506—002)课题针对江苏省太湖流域基于容量总量的排污许可证实施情况，通过构建绩效评估标准和指标体系，形成《基于容量总量的水污染物排放许可证实施绩效评估办法(试行)》，评估指标体系如表 2-2 所示，指标体系综合考虑了关键污染物的排放量和排放浓度、重点项目以及环评和清洁生产的执行情况。研究还通过建立考核指标体系、设计考核内容和程序以及奖惩措施，形成排污许可证实施考核办法。

《基于容量总量的水污染物排放许可证实施绩效评估办法(试行)》在无锡等试点地区试行，并针对无锡市的 23 家污水处理厂、17 家直排企业进行绩效考核，评估结果显示，40 家企业中 90 分以上评估结果为优秀的企业 36 家，占比 90.0%，70—90 分评估结果为良好的企业 4 家，占比 10.0%，其中 23 家污水处理厂评估结果全部为优秀，17 家直排企业中 13 家评估结果为优秀，4 家评估结果为良好。

表 2-2 “十二五”水污染物排放许可证实施绩效评估指标表

Table 2-2 Performance Evaluation Indicators for the Implementation of Water Pollutant Discharge Permit in the 12th Five Year Plan

评估指标	序号	评估内容	分值（分）	评分标准
排放量	1	COD 排放量	10	未超出排放许可证规定量，得 10 分。每超过许可证规定量 5%，扣 2 分，扣完为止。
	2	氨氮排放量	10	未超出排放许可证规定量，得 10 分。每超过许可证规定量 5%，扣 2 分，扣完为止。
	3	总氮排放量	10	未超出排放许可证规定量，得 10 分。每超过许可证规定量 5%，扣 2 分，扣完为止。
	4	总磷排放量	10	未超出排放许可证规定量，得 10 分。每超过许可证规定量 5%，扣 2 分，扣完为止。
排放浓度	5	COD 排放浓度	5	未超过排放许可证规定浓度，得 5 分，每超过许可证规定浓度 1 次，扣 1 分，扣完为止。
	6	氨氮排放浓度	5	未超过排放许可证规定浓度，得 5 分，每超过许可证规定浓度 1 次，扣 1 分，扣完为止。
	7	总氮排放浓度	5	未超过排放许可证规定浓度，得 5 分，每超过许可证规定浓度 1 次，扣 1 分，扣完为止。
	8	总磷排放浓度	5	未超过排放许可证规定浓度，得 5 分，每超过许可证规定浓度 1 次，扣 1 分，扣完为止。
重点项目	9	重点项目完成情况	20	根据减排项目实际完成情况酌情打分。
环境管理	10	强制性清洁生产审核情况	10	通过强制性清洁生产审核，得 10 分；未通过，得 0 分。
	11	环境影响评价制度执行情况	10	根据企业办理环评审批、环保竣工验收情况酌情打分。

2.2.2 排污许可制度改革与完善研究

排污许可证制度改革与完善研究在 2000 年前较少，并且主要立足于制度实施的情况和部分试点工作中取得的经验。随着国家排污许可证制度实施的深入推进，以及我国进入“一证式”排污许可证制度时期，相关研究在近十年逐步走进人们的视野并成为热点话题，相关的专家和学者立足于不同领域，以各种视角对制度进行分析和建议。

排污许可证制度存在问题和改革建议方面。赵伟[88]认为近年来全国各省(市)在证后监管制度完善、证后监管平台建设、监管技术体系构建等方面进行了有益的探索与实践，已取得了显著的成效。但证后监管还存在诸多问题，仍然制约着监管效能的提升。刘宁等人[89]指出《排污许可管理条例》提高了可操作性，弥补了排污许可规范体系中缺少配套法规的缺陷。条例体现了以环境质量为核心的固定源环境管理制度改革的要求，有助于排污许可分类管理制度的实施与落地。但同时排污许可制度仍存在监管范围模糊、企业技术难度大、生态环境部门监管困难等问题。王金南等人[90]在分析排污许可证制度实践的基础上，提出了排污许可证制度改革的总体思路、基本原则、总体目标和主要任务，构建了排污许可总体框架，给改革提出了具体的实施路径。梁忠[91]从制度衔接角度出发，建议加快制度的整合与衔接，拓展排污许可的制度功能。段菁春等人[92]以调研走访方式对广州、石家庄、兰州、哈尔滨和大同 5 个城市开展全方位的关于排污许可制度实施的研究分析工作，分析了制度实施存在的问题，研究结果表明，虽然排污许可证制度对于重点污染源的环境管理以及企业的环境保护意识起到了一定的提升作用，但是仍存在阻碍排污许可证制度有效应用的问题，比如与现有的其他环境管理制度的融合问题等。Li 等人[93]在总结分析中国台湾排污许可制度特点及相关制度管理手段的基础上，结合中国大陆排污许可管理实际情况，提出优化完善的建议。

排污许可证制度排污量确定方面。Wu 等人[94]从排污许可证的排污量分配的公平性为出发点，建立了一种多指标基尼系数法来评估不同分配方法的均等性，以从流域和区域角度实现松花江流域氨氮排放许可证的公平分配，为公平有效分配排污量提供了新思路。Yuan 等人[95]从排放许可证的分配效率和公平性等方面考虑，通过加权基尼系数和不平等因子的综合使用，为区域和城市一级的排污许可分配平等性提供新的见解。Sun 等人[96]着眼于环境平等和决策者效率之间的平衡，使用基尼系数来分配排放许可，以中国天津流域的化学需氧量分配为例说明该框架的应用。Rao 等人[97]研究了自由分配的有效性评价方法，为政府生态环境主管部门有效地实施污染物总量控制体系和设计相关的环境政策提供理论依据和科学方法。

排污许可证制度经济视角方面。杨静等人[98]基于环境经济政策，梳理分析了其与排污许可证制度之间的关系，点出排污许可证制度作为点源核心制度对于其他环境经济政策具有重要的纽带作用。

从不同行业视角考虑排污许可证制度方面。Shi 等人[99]以农药行业污染源为切入点，根据中美两国污染物排放许可证制度的发展情况以及农药的污染特点，对污染物排放许可证的种类、分布对象、排放限值的确定方法进行了比较分析。

2.2.3 排污许可制度与相关环境政策制度的融合研究

对于排污许可证制度的研究，由于排污许可证制度作为固定污染源环境管理的核心制度，其他制度均以排污许可证制度为中心进行衔接，越来越多的研究目光放在制度融合衔接上。

朱惠珍[100]在研究中表明导致排污许可证与环境影响评价相脱节的原因主要是二者在管理阶段、核算方法、管理规范等多方面均存在着明显的差别。谭茜[101]在环境影响评价与排污许可制度的互动和衔接研究中指出环评制度应以预防为主，而排污许可制度应重视事中监管以及事后的监督。程红艳等人[102]在浙江、江苏、海南省的制度融合经验的基础上总结经验，研究认为排污许可证制度与环境影响评价制度的融合过程中需要简化环评的同时强化排污许可，通过实施环评备案、取消“三同时”验收制度、环评与排污许可同步审批、强化规划环评而弱化项目环评等措施实现，并且在市、区层面，需要结合本地实际，制定详细工作指南，明确内容、范围，细化申请材料规定、环评和排污许可审批流程以及衔接的实际操作流程和工作指引，为基层工作人员提供具体可行的指导。徐子义等人[103]认为排污许可制和环保税在监督管理方法上需要进行合理的衔接，例如，构建环保执法监督和税收稽查间的末端协同。监督管理的协调机制必须分阶段、分层级地进行，提高了监督管理机关的依证监督管理能力和排污单位自证守法意识，并重点突出“以环保监督统计结果为基础，以排污单位许可证实施情况为基础，以环保税征管措施为手段”的全要素管理监督。张君臣[104]在比较环境影响评价、排污许可、环保验收三项环保制度后认为应简化项目环评，进一步减少纳入环评管理的建设项目数量，将环评审批文件不再作为排污许可证核发的必要条件，真正形成“一证式”环境管理。在法律层面，启动《排污许可法》编制工作并理清排污许可制与环境影响评价、环保验收制度的关系，真正降低排污单位的负担，将“放管服”落实，让环保制度与生态环境实际工作更加切合。

值得关注的是，在排污许可证制度的实践过程中，尚未建立规范的符合实际情况的制度评估体系。当前关于政策本身的政策评估的研究也极少，无法从较精确的方式判断该制度是否切实发挥污染减排效应，这为后续的完善工作带来了困难。

根据前述分析，今后我国的排污许可证制度研究难点和重点在于明确排污许可证制度的定位、强化监督管理以及制度完善融合。

第三章　江苏省太湖流域排污许可证制度现状分析

本章对江苏省太湖流域排污许可证制度实施现状进行了定性分析。通过政策文本分析法和历史逻辑分析法对排污许可证制度相关的历史发展进行了解，梳理政策、法规、指南等文件，结合学术研究和政府有关报告，以把握好太湖流域排污许可制度实施现状，为评估检验结论的真实有效、问题诊断和政策建议的切实可行打下基础。

3.1　太湖流域不同层面政策文本分析

为进一步了解现行排污许可证制度的内容和特点，对国家、省、市、区、流域等不同层面与排污许可证制度相关的法律法规、方案、行动计划、管理办法和通知等文件进行文本分析，不同层面排污许可证制度相关的主要文本梳理见图 3-1。

对图 3-1 中法律法规、方案、管理办法等文件进行分析，得出以下四点结论。

(1) 国家高度重视排污许可证制度的实施。通过法律规定将其融入环境保护和污染治理工作中，加强其作为固定污染源管理核心制度的地位，通过制定管理规定、管理办法、技术指南不断完善排污许可证制度并增强其可操作性。近年来修订的环境保护、水污染防治等法律文件中均强调排污许可

国家层面

法律法规

- 中华人民共和国行政强制法(2012)
- 中华人民共和国环境保护法(2014)
- 中华人民共和国水污染防治法(2017)
- 中华人民共和国大气污染防治法(2018)
- 中华人民共和国环境保护税法(2018)

行动方案

- 大气污染防治行动计划(2013)
- 生态文明体制改革总体方案(2015)
- 水污染防治行动计划(2015)
- 重点行业排污许可管理试点工作方案(2017)

排污许可管理文件

- 控制污染物排放许可制实施方案(2016)
- 排污许可证管理暂行规定(2016)
- 固定污染源排污许可分类管理名录(2019年版)
- 排污许可管理办法(试行)(2018)
- 《排污许可管理条例》(2021)
- 《关于加强排污许可执法监管的指导意见》(2022)

排污许可技术指南

- 排污单位自行监测技术指南总则(HJ819-2017)
- 排污许可证申请与核发技术规范总则(HJ942-2018)
- 污染源源强核算技术指南准则(HJ884-2018)
- 污染防治可行技术指南编制导则(HJ2300-2018)
- 排污单位环境管理台账及排污许可证执行报告技术规范总则(试行)(HJ944-2018)

省级层面

管理办法、行动计划

- 江苏省排污许可证发放管理办法(试行)(2012)
- 江苏省水污染防治工作方案(2015)
- 江苏省大气污染防治条例(2019)
- 江苏省环评与排污许可监管行动计划(2020)
- 江苏省固定污染源排污许可证质量和执行报告审核全覆盖工作方案(2021)
- 2022年全省生态环境专项执法行动计划(2022)
- 省生态环境厅2022年度环评与排污许可监管工作方案(2022)

城市建设、环境保护

- 江苏省生态河湖行动计划(2017—2020年)
- 江苏省内河港口布局规划(2017—2035年)
- 江苏省打赢蓝天保卫战三年行动计划实施方案(2018)
- 江苏省城市黑臭水体治理攻坚战实施方案(2018)

流域层面

太湖流域水污染管理办法

- 江苏省太湖水污染防治条件(2018)
- 江苏省太湖流域建设项目重点水污染物排放总量指标减量替代管理暂行办法(2018)

市/区层面

研究区域地方工作文件、通知公告

- 关于召开苏州市印染行业排污许可证填报、审核工作培训会的通知(2017)
- 无锡市环保局关于开展电镀、印染等11个行业排污许可证核发和管理工作的通知(2017)
- 常州市关于开展火电、造纸和水泥行业污染源排污许可证管理工作的公告(2017)
- 关于苏州市2018年度排污许可证专项执法检查情况的通报(2018)
- 无锡市环保局关于开展屠宰及肉类加工、淀粉、合成材料制造行业排污许可证管理工作的公告(2018)
- 关于苏州市开展2019年排污许可证申请核发工作的通告(2019)
- 关于开展苏州市2020年排污许可证申领和排污登记工作的通告(2020)
- 常州市开展纺织染整工业排污许可证变更与延续申报培训(2020)

图 3－1　不同层面排污许可证制度文件梳理

Fig. 3－1　Sorting out Different Levels of Pollution Permit System Documents

可制度的重要地位，规定排污单位应当依法取得排污许可证、按证排污，并对违反排污许可规定的行为执行处罚措施。国家生态文明建设、环境保护行动计划中纷纷纳入排污许可证制度，强化排污许可证制度的强制性，以加强对固定污染源的管理，落实排污主体责任制。2016 年国家相继发布《控制污染物排放制实施方案》(国办发〔2016〕81 号)和《排污许可证管理暂行规定》(环水体〔2016〕186 号)，2018 年发布《排污许可管理办法(试行)》(环境保护部令第 48 号)，不断完善排污许可证制度的内容、扩大发放范围、加大处罚力度，增强与其他环境管理制度的衔接。此外，《固定污染源排污许可分类管理名录(2017年版)》(原环境保护部令第45)号和《固定污染源排污许可分类管理名录(2019年版)》(生态环境部令第11号)对申请排污许可证的企业事业单位和其他生产经营者进行了明确的范围划分，相关行业申请与核发技术规范、自行监测指南文件的发布加强了排污许可证制度的规范性、可操作性。2021年公布的《排污许可管理条例》(中华人民共和国国务院令第736号)，固化了排污许可证制度建设改革成果，以法规形式明确了管理部门的监管职责，强化了排污单位的主体责任和义务。国家层面的一系列举措稳固了排污许可证制度作为我国固定污染源管理制度的核心制度的地位，有效巩固了制度地位，使得管理范围不断扩大、管理内容不断完善、监管力度不断增强。2022年3月发布的《关于加强排污许可执法监管的指导意见》(环执法〔2022〕23号)进一步聚焦当前排污许可执法监管过程中存在的问题和困难，从规范流程、强化跟踪监管、开展清单式执法检查、强化执法监测、健全执法监管联动机制、严惩违法行为以及加强行政执法与刑事司法衔接等七个方面明确了地方政府、有关部门以及排污单位在排污许可执法监管中的责任，并提出2023、2025年的目标，切实推动以排污许可制为核心的固定污染源执法监管体系的全面建立。

(2) 国家颁布的法律、规划、管理办法等文件在地方工作中具有重要地位。江苏省认真执行国家污染防治行动方案，积极探索建立排污许可制度，推进排污许可证制度改革地方试点。2011年出台《江苏省排放水污染物许可证管理办法》(江苏省人民政府令第74号)，2015年出台《江苏省排污许可证发放管理办法(试行)》(苏环规〔2015〕2号)，并根据国家大气、水污染防治行动计划制定省级污染防治工作计划，积极推行污染物排放浓度控制、总量控制管理办法，加强排污许可信息管理平台的建设，明确监管部门排污许可证制度责任，落实排污单位的主体责任，发展第三方市场减轻企业负担。此外，在城市发展规划、环境保护行动计划中均切实考虑排污许可制度的应用与落实，深化污染治理与环境保护，加快推行排污许可证制度。

(3) 流域层面，太湖流域严格落实排污许可证制度。作为水污染治理重要流域，国家环境保护总局早在 2001 年就在太湖流域推行排污许可证的使用。2018 年新修订的《江苏省太湖水污染防治条例》（江苏省人民代表大会常务委员会公告第 71 号）第二十二条规定，太湖流域实行排污许可证制度，排污单位必须按证排污，未取得排污许可证的，不得排放污染物。《江苏省长江水污染防治条例》（江苏省人民代表大会常务委员会公告第 2 号）根据排污许可证规定的污染物排放总量指标确定沿江地区排污单位污染物排放量，并对违法行为做出处罚说明。排污许可证的核发及排污许可证制度的完善对流域水环境治理意义重大，是提升水质的重要手段。

（4）太湖流域内各市、区积极响应国家、省级、流域排污许可制度工作要求。各设区市承担排污许可证核发工作，积极开展企业填报培训工作，加快扩大发证范围，为推动排污许可证制度落地做出重大贡献。2016 年 9 月苏州市环保局印发《苏州市排污许可制度改革试点工作方案（试行）》（苏环控字〔2016〕36 号）。无锡市环保局根据《固定污染源排污许可分类管理名录（2017 年版）》的要求相继开展了火电、造纸、钢铁、水泥、电镀、印染等行业的排污许可证核发工作和排污许可证管理工作，对重点管理行业和非重点管理行业进行区分，严格按照期限要求完成核发工作，同时无锡市依托“感知环境、智慧环保”环境监控物联网应用示范项目，完成了排污许可证发放综合系统的开发，将许可证管理、总量减排、建设项目总量平衡方案审核、排污权有偿交易及储备等工作整合为一体，在全市范围内统一使用，数据使用效率得到了极大提升，加快了许可证发放进度。常州市生态环境局在正式发证工作开展之前，为进一步规范全市排污许可管理操作流程，适应垂直管理要求，明确职责分工和管理权限，加强配合协调，根据《排污许可管理办法（试行）》等规定，结合常州实际，制定了《常州市排污许可管理流程规范（讨论稿）》，对排污许可证申请受理、审核、核发、发放等环节均做出具体的规定，推动各市、区积极响应，实现核发一个行业，清理一个行业，达标一个行业，规范一个行业，加快完善排污许可证制度。

3.2 太湖流域不同层面排污许可相关职能分工分析

3.2.1 江苏省层面

为了解江苏省各项环境政策在实际工作中的执行状况，梳理了截至2021年12月江苏省主要环境保护部门职能分工（图3-2），总结制度执行现状，分析不同部门管理工作的衔接要点、不同制度的融合要点，加强制度融合，明确部门分工、加强部门合作、提高工作效率及制度的环境效力。

具体来看，江苏省生态环境厅环境影响评价与排放管理处（行政审批处）承担全省排污许可综合协调和管理工作以及环境影响评价工作。大气环境处、水生态环境处、固体废物与化学品处分别负责大气、地表水、固体废物等污染防治的监督管理工作。综合业务处（生态文明建设处）承担污染物排放总量控制管理和综合协调工作以及生态环境统计工作；自然生态保护处负责生态保护红线监督管理工作；生态环境执法监督局负责包括排污许可自行监测台账核查在内的生态环境行政执法监督工作并组织“三同时”制度的实施工作；生态环境监测处负责环境质量监测工作并承担全省生态环境监测网建设和管理工作；宣传教育处（研究室）组织开展环境友好型社会建设和生态文明建设的宣传教育工作，推动社会组织和公众参与生态环境保护监督工作中；专员办公室分管不同地区的环境监察工作。省税务局负责征收企业环境税工作；省生态环境评估中心（省排污权登记与交易管理中心）提供技术支持，配合环境影响评价与排放管理处（行政审批处）完成排污权有偿使用和交易管理工作；省生态环境监控中心负责江苏省排污单位自行监测信息公开平台的系统维护。

总结发现，各部门管理工作及制度之间的衔接融合仍存在以下问题：不同管理部门和管理制度衔接融合不够顺畅，存在各管一块的分裂局面；污染物排放量计算方法有待规范化、准确度有待提高；部门间数据共享有待加强，目前存在企业需要向多个管理部门填报数据的情况；公众参与途径有待完善等。

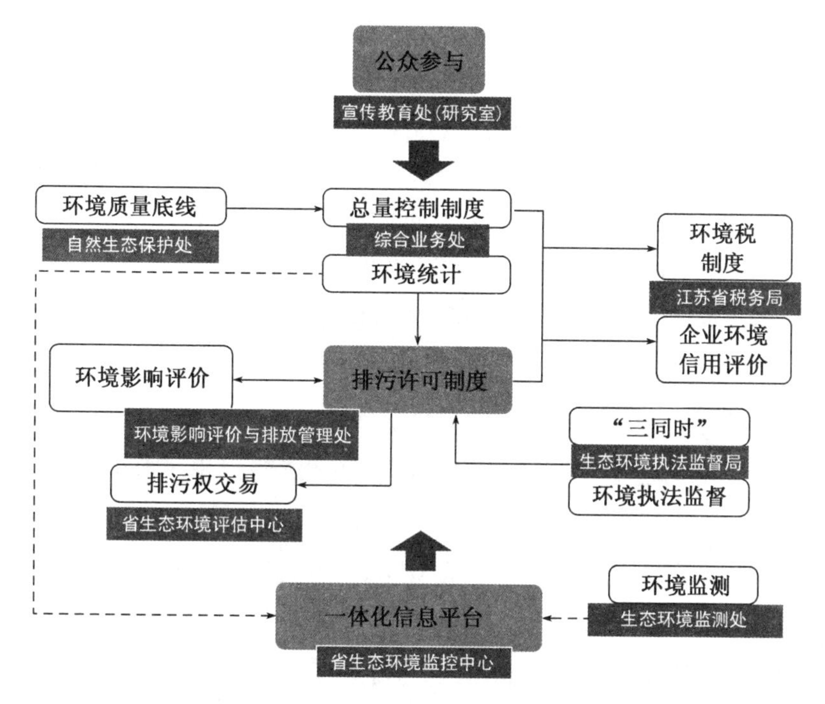

图 3-2　江苏省主要环境保护部门职能分工图

Fig. 3-2　Functional Division of Main Environmental Protection Departments in Jiangsu Province

1. 排污许可制度

负责单位：江苏省生态环境厅环境影响评价与排放管理处（行政审批处）。

管理范围：江苏省生态环境厅负责江苏省排污许可制度的组织实施和监督。设区的市级以上地方人民政府生态环境主管部门负责本行政区域排污许可的监督管理，根据《排污许可管理条例》，依照法律规定实行排污许可管理的企业、事业单位和其他生产经营者，应当依照本条例规定申请取得排污许可证；未取得排污许可证的，不得排放污染物。根据污染物产生量、排放量、对环境的影响程度等因素，对排污单位实行排污许可分类管理。

控制指标：根据国家污染物排放总量控制要求，对化学需氧量、氨氮、二氧化硫、氮氧化物、挥发性有机物、颗粒物实行排放总量控制制度。其中太湖流域还对总氮、总磷实行排放总量控制制度，重金属污染防控重点区域还对铅、汞、铬、镉、砷5类重金属污染物实行排放总量控制制度。

许可排放浓度确定：核发环保部门应当根据国家和地方污染物排放标准，确定排污单位排放口或者无组织排放源相应污染物的许可排放浓度。排污单位承诺执行更加严格的排放浓度的，应当在排污许可证副本中规定。

许可排放量核定：核发环保部门按照排污许可证申请与核发技术规范规定的行业重点污染物允许排放量核算方法，以及环境质量改善的要求，确定排污单位的许可排放量。2015年1月1日及以后取得环境影响评价审批意见的排污单位，如果环境影响评价文件和审批意见确定的排放量更严格，应当根据环境影响评价文件和审批意见要求确定排污单位的许可排放量。

污染物排放量统计：排污单位应当按照排污许可证规定的内容、频次和时间要求，向审批部门提交排污许可证执行报告，如实报告污染物排放行为、排放浓度、排放量等。各级管理部门可通过执行报告统计排污单位实际排放量，市级环境保护行政主管部门根据通过有效性审核的在线监测数据，每月统计重点排污单位的污染物排放量。对不具备污染源自动在线监测设施安装条件的排污单位可以通过监督性监测、物料衡算的方式统计污染物排放量。纳入集中式污水处理设施处理的排污单位(如集中式污水处理设施处理达标排放)以排污单位排水量与集中式污水处理设施排放标准浓度统计排污单位排放总量。集中式污水处理设施处理超标排放的，以排污单位排水量与集中式污水处理设施实际出水浓度统计排污单位排放总量。

监测监管：环境保护行政主管部门应当结合“一企一档”污染源数据库建立排污许可证管理档案，制定实施排污许可证年度监督检查方案，开展现场检查、书面核查等，对排污许可证的执行情况进行检查，并记录有关情况。对重点排污单位，还应采取监督性监测、不定期抽查等方式和手段，加大监督检查力度。

2. 污染物排放总量控制制度

负责单位:江苏省生态环境厅综合业务处(生态文明建设处)。

管理范围:江苏省污染物排放总量控制综合协调和管理工作。

按照《环境保护法》规定,重点污染物排放总量控制指标由国务院下达,并由省人民政府向下分解落实。重点污染物包括化学需氧量、氨氮、二氧化硫、氮氧化物以及重点地区(如太湖流域)的总氮、总磷指标。

总量控制目标分配:总量控制目标主要根据削减能力来制定,江苏省将国家分配份额向下分配至市县,再由市县分配至企业。江苏省在《江苏省"十三五"节能减排综合实施方案》(苏政发〔2017〕69 号)中,根据各地地表水质量改善任务、《江苏省"十三五"生态环境保护规划》、《江苏省水污染防治工作方案》、《江苏省"两减六治三提升"专项行动实施方案》及相关规划提出的环境治理保护重点工程确定了各市减排比例和重点工程减排量。而企业(排污单位)的重点污染物排放总量控制指标则是由环境保护主管部门按照排污许可证规定的许可排放量去确定。

3. 环境影响评价制度

负责单位:江苏省生态环境厅环境影响评价与排放管理处(行政审批处)。

管理范围:全省建设项目环境影响评价文件审批工作以及规划环境影响评价、政策环境影响评价、项目环境影响评价工作。

监督管理:各级审批部门应通过联网报送系统及时报送审批数据。江苏省生态环境厅负责全省环评文件技术复核工作,将开展报送数据与政府信息公开数据比对,抽查环评审批质量及依法依规审批情况。将依法依规审批作为指标纳入各地生态环境考核体系。对违法违规审批并造成严重后果的,责令整改、上收部分建设项目环评审批权,情节严重的,实施区域限批;对相关责任人员依法依规进行问责。

1) 建设项目环评

环境影响评价文件编制规定:可能造成重大环境影响的,应当编制环境影响报告书，对产生的环境影响进行全面评价；可能造成轻度环境影响的，应当编制环境影响报告表，对产生的环境影响进行分析或者专项评价；而对环境影响很小、不需要进行环境影响评价的，应当填报环境影响登记表。

2）规划环评

环境影响评价文件编制规定：国务院有关部门、设区的市级以上地方人民政府及其有关部门，对其组织编制的土地利用的有关规划，区域、流域的建设、开发利用规划，应当在规划编制过程中组织进行环境影响评价，编写该规划有关环境影响的篇章或者说明，对规划实施后可能造成的环境影响作出分析、预测和评估，提出预防或者减轻不良环境影响的对策和措施，作为规划草案的组成部分一并报送规划审批机关。未编写有关环境影响的篇章或者说明的规划草案，审批机关不予审批。

4. 排污权交易

负责单位：江苏省生态环境厅环境影响评价与排放管理处（行政审批处）。

开展交易单位：省生态环境厅与生态环境评估中心（省排污权登记与交易管理中心）承担排污权交易活动的具体组织实施，省排污权交易管理专用账户和排污权交易平台运行维护等工作。

管理范围：负责全省排污权有偿使用和交易管理工作，开展跨设区市交易主体资格审核，组织实施跨设区市排污权交易，监督和指导设区市、县（市）排污权有偿使用和交易管理工作，负责省级排污权储备工作。

排污权交易范围和时限：与《固定污染源排污许可分类管理名录》中实施重点管理的行业范围和时限一致。生活污水集中处理、工业废水集中处理不纳入排污权有偿使用和交易范围。

有偿使用和交易污染物种类：暂定为化学需氧量（COD）、氨氮（NH_3-N）、总磷（TP）、二氧化硫（SO_2）、氮氧化物（NO_x）五种，总氮（TN）和挥发性有机物（VOCs）待有偿使用价格出台后，再纳入有偿使用和交易范围。设区市根据控制污染、改善环境质量实际需要，增加实行排污权有偿使用和交易的污染物种类，并报省人民政府备案。

交易途径：排污权有偿使用和交易的申请与审核、费用征收、信息登记与查询、排污权储备等相关工作应在全省统一的排污权管理平台上实施。

排污权交易价格：由排污权交易主体根据环境资源稀缺程度、市场供求条件等自由竞价形成。江苏省发展和改革委员会会同江苏省财政厅、江苏省生态环境厅在必要时可以根据市场竞争与经济社会发展情况，参考排污权有偿使用价格，确定排污权交易基准价格。排污权回购价格，由江苏省发展和改革委员会会同江苏省财政厅、江苏省生态环境厅根据回购污染物取得排污权时所缴纳的有偿使用价格，考虑年限折旧，并以不盈利的原则制定。排污权有偿使用价格按苏价费〔2008〕19号、苏价费〔2008〕60号、苏价费〔2011〕162号、苏价费〔2014〕411号文件执行。

与排污许可的联系：实施排污权有偿使用和交易的行业范围和时限，与《固定污染源排污许可分类管理名录》中实施重点管理的行业范围和时限一致。生活污水集中处理、工业废水集中处理不纳入排污权有偿使用和交易范围。在《固定污染源排污许可分类管理名录》规定的时限前环境影响评价文件通过审批或备案，或者取得排污许可证的排污单位为现有排污单位，在申领排污许可证后通过缴纳排污权有偿使用费获得排污权。在《固定污染源排污许可分类管理名录》规定的时限后环境影响评价文件通过审批或备案的新建项目排污权，或改、扩建项目新增排污权，排污单位应在申领排污许可证前通过交易获得排污权。在本细则实施前已申领排污许可证的排污单位视为现有排污单位。现有排污单位的排污权数量与排污许可证核定的许可排放量一致。新建或改、扩建项目新增排污权按照排污许可证申请与核发技术规范进行核定。废水排入集中式污水处理厂的排污单位，按照污水处理厂外排标准浓度折算后的许可排放量核定其水污染物排污权数量。排污单位排污权有效期与排污许可证的有效期保持一致。

5. 环境保护税

负责单位：国家税务总局江苏省税务局。

管理范围：直接向环境排放应税污染物的企业、事业单位和其他生产经营者为环境保护税的纳税人，应当依照环境保护税法规定缴纳环境保护税。

应税污染物，是指环境保护税法所附《环境保护税税目税额表》、《应税污染物和当量值表》中规定的大气污染物、水污染物、固体废物和噪声。

与排污许可制度相关的税收减免范围：纳税人排放应税大气污染物或者水污染物的浓度值低于国家和地方规定的污染物排放标准百分之三十的，按百分之二十五征收环境保护税。纳税人排放应税大气污染物或者水污染物的浓度值低于国家和地方规定的污染物排放标准百分之五十的，按百分之五十征收环境保护税。

6. 环境执法监测

负责单位：江苏省生态环境厅生态环境执法监督局。

管理范围：负责全省生态环境行政执法监督；监督生态环境政策、规划、法规、标准的执行；指导全省生态环境保护综合执法队伍建设；组织拟订重特大突发生态环境事件和生态破坏事件的应急预案，指导调查处理工作；协调解决有关跨区域环境污染纠纷；组织开展全省生态环境保护执法检查活动；组织实施建设项目环境保护设施同时设计、同时施工、同时投产使用制度。

与排污许可制度的联系：重点行业需逐步形成以排污许可制为核心的固定污染源执法监管体系。开展基于排污许可证载明事项的清单式执法检查，重点检查排放口规范化建设、污染物排放浓度和排放量、污染防治设施运行和维护、无组织排放控制等要求的落实情况，并对环境管理台账记录、排污许可证执行报告、自行监测数据、信息公开内容的真实性进行抽查核实，必要时可以组织开展现场监测。

3.2.2 市级层面

1. 苏州市

证前层面。排污许可证发放范围的确定方面，苏州市于 2019 年确定共有 15 个行业大类 22 个细分行业的排污单位需要进行排污许可证申领工作，行业大类为食品制造业、畜牧业和家具制造业等，苏州市范围内的企业可以向其生产经营场所所在地的环境保护部门申领排污许可证。环保部门拟发排污许可证企业名录摸底调查工作，主动发挥街道、乡镇、开发区等基层组织的作用，采用互联网和通知、通告等传统形式告知辖区内的相关企业，尽可能确保摸底工作的全面性和准确性。

证中层面。苏州市排污许可证核发工作按照“分级管理”和“属地管理”的原则，苏州市及各区（区级市）生态环境局负责当地申报的排污许可证申请材料的审核工作，苏州市生态环境局负责核发排污许可证。排污许可证管理实施“一证式”管理方法，新版排污许可证就像是一张营业执照，印有证书编号、地址等信息。用电子设施扫描证件上的二维码，即可进入网络平台查看企业名称、企业地址、企业排放标准限值和环境管理台账记录等企业基础信息以及排污信息。

证后层面。苏州市在排污许可证核发后加强信息公开，在排污许可综合管理平台定期公布排污单位持证、监管执法和自行监测等情况。鼓励公众监督举报无证排污、不按证排污等违法行为，不断推动企业履行其环境保护主体的责任，为环境质量改善打下坚实的基础。加强监管执法与确保清理不留死角，对排污许可证给予整改过渡期的，加强监管帮扶，落实整改要求。排清未纳入许可管理的排污单位，并对已完成分类处置的排污单位组织进行再核查工作。通过”刷卡排污”的方式实现对排污单位的有效监管。在江阴、常熟等地刷卡排污试点工作的成功基础上，在苏州市其他地区也积极推广。在惩戒措施方面，自 2020 年 1 月 1 日起，排污单位必须按照要求持证排污、按证排污，否则一经发现，环境保护主管部门将依据法律规定责令排污单位停止生产，同时违反《中华人民共和国大气污染防治法》和《中华人民共和国水污染防治法》有关规定，最高可以处两百万元罚款。

制度融合层面。在与环境影响评价制度融合方面，苏州市规定若建设项目涉及“上大压小”“区域（总量）替代”等措施的，环境影响评价审批部门应当审查总量指标来源，依法依规应当取得排污许可证的被替代或关停企业，须明确其排污许可证编码及污染物替代量。排污许可证核发部门应按照环境影响报告书（表）审批文件要求，变更或注销被替代或关停企业的排污许可证。环评文件与排污许可证在污染物排放总量、排污口设置、排污去向、排污浓度、污染物排放的监测和报告要求等方面应做出完全一致的规定。根据《关于印发〈关于落实〈关于构建以排污许可制为核心的固定污染源监管制度体系实施方案〉试点工作方案〉的通知》文件要求，苏州市将中国（江苏）自由贸易试验区苏州片区（即苏州工业园区）作为试点地区，组织开展排污许可制与环境影响评价审批制度有机衔接改革试点工作。2022 年 3 月 30 日，久保田农业机械（苏州）有限公司获批全省首个环评与排污许可“两证合一”审批意见。作为试点办理的第一个项目，企业以告知承诺备案制形式申报后，园区生态环境局对其实行环评与排污许可的协同审批。整个申报流程简单，实现了同步审批一次办结，并且全程网上办理，实现了证照电子化。

在与总量控制制度融合方面，首先，苏州市对单个固定污染源的污染物排放量的控制应当服务于重点污染物排放总量控制的整体目标。其次，排放许可证中规定的污染物排放总量控制指标应当结合企业事业单位的具体情况而定，包括企业事业单位所采用的生产工艺、生产规模和排污源周边的环境状况、环境容量等。在与排污权有偿使用和交易制度融合方面，常熟市在排污许可证和排污权交易上做了很大的突破创新，建立相对完善政策体系，并加以实施。一是全面实行排污权有偿使用和交易制度。二是实行严格的排污许可证监管，建立了完善的监管制度，并通过刷卡排污的技术手段实现对排污单位的定量监管。常熟市对 164 家企业进行刷卡排污改造，实现对印染企业的全覆盖。三是建立起完善的工作机制，总量部门、监察部门、信息管理部门分工合作，各司其职，并依托社会机构开展政策研究、系统建设维护等相关技术工作。张家港市贯彻落实国家《排污权核定办法、使用费收取使用和交易价格规定》和省实施办法，开展主要污染物排污权有偿使用和交易工作。按照“精简行政许可、实施全程监管、统一执法标准、发挥市场作用”的原则，首先在新、改和扩建项目探索环评、排污许可证和网格化管理等制度有机深度融合，开展实施“一证式管理”模式和排污权有偿取得工作。积极推广使用交易平台，实现重点排污单位持证排污，部分行业、区域特征污染因子持证排污，并对持证排污单位使用排污权实施有偿使用。

2. 无锡市

证前层面。无锡市环境保护行政主管部门对在线监测数据进行审核，获取每月统计重点排污单位的污染物排放量，推广鼓励主要污染物刷卡排污。不具备污染源自动在线监测条件的企业可以通过物料衡算、监督性监测的方式对污染物排放量进行统计。纳入集中式污水处理设施处理的排污单位，如集中式污水处理设施处理达标排放，以排污单位排水量与集中式污水处理设施设计出水浓度统计排污单位污染物排放总量。集中式污水处理设施处理超标排放的，以排污单位排水量与集中式污水处理设施实际出水浓度统计排污单位污染物排放总量。

证中层面。无锡市按照两个“两步走”要求，即“先试点、后推开”“先发证、后到位”，在重点区域开展试点工作的基础上，全面实施固定污染源排污许可清理整顿，实现固定污染源“一证式”管理。同时无锡市还依托“感知环境、智慧环保”环境监控物联网应用示范项目，数据使用效率、许可证发放速度得到显著提升。

证后层面。无锡市加强社会监管，鼓励社会公众、新闻媒体监督排污单位的排污行为。公民、法人和其他组织有权向环境保护行政主管部门举报排污单位违法排污行为。日常监督方面，结合“一企一档”污染源数据库建立排污许可证管理档案，制定实施排污许可证年度监督检查方案，开展现场检查、书面核查等工作，检查排污许可证的执行情况，并记录有关情况。对于重点排污单位，采取监督性监测、不定期抽查等方式和手段，加大监督检查力度。

制度融合层面。在与总量控制制度融合方面，无锡市根据国家污染物排放总量控制要求，对二氧化硫、氮氧化物、化学需氧量和氨氮等污染物实行排放总量控制制度，对太湖流域总氮、总磷实行排放总量控制制度，并根据环境管理需求，县级以上环境保护行政主管部门决定是否对所辖区内排放的烟粉尘等其他指标实行总量控制制度。在与环境税制度融合方面，江阴地税第八分局开展“环保税征管回头看”活动，“三个结合”全面复核环保税首季征收情况,补缴税款4万余元。一是结合环保局提供的排污信息,全面核实纳税人基础信息表采集内容是否正确,同时校验排污许可证、排放口、污染源、应税污染物等相关信息。二是结合往年排污费征收依据,重点核实申报税款同比减收超40%的纳税人,全面了解排污企业生产经营状况是否改变,是否通过技改投入完成超低排放改造,并对申报不实单位进行辅导整改。三是结合在线监测数据和第三方监测报告,重点核实减征单位减免依据是否真实,实际排放应税大气污染物或水污染物的浓度值是否符合《环境保护税法》规定。而在与排污权有偿使用与交易方面,无锡江阴市要求新、改、扩建项目新增的排污指标,必须通过市主要污染物排污权储备交易中心交易获得。企业通过工程减排、结构减排和管理减排等措施节约的排污指标可以通过排污权交易市场出售,也可以卖给交易中心。其次是实行更严格的排污许可证监管,无锡江阴市对350家年化学需氧量排放超过10吨的企业全部发放排污许可证,并安装刷卡排污远程控制设备,能够在企业超标、超总量排污时自动关闭排污阀门。

3. 常州市

证前层面。2018年全年常州市共发布了与排污许可相关的26份文件,其中包括2份督办文件、2份通知以及22份日报;开展排污许可培训15次,共培训人员574人;核发涉及合法人员10人,涉及技术审核机构1个,审核人员6人;完成督办督导1次、集中审核32批次。2018年共完成火电、钢铁、水泥等重点行业219家企业的排污许可证核发工作。常州市生态环境局根据《排污许可管理办法(试行)》等规定,结合常州的实际情况,制定了《常州市排污许可管理流程规范(讨论稿)》,对排污许可证申请受理、审核、核发、发放等环节作了具体规定。常州市以化工行业为试点探索了排污许可量计算方法,制定了《化工行业排污许可总量核定计算方法》,结合实例研究了化工企业废水、废气污染物排放许可的核定方法。

证中层面。常州市生态环境局在权衡制度实施质量和制度实施效率后,规范了一批排污许可申报材料格式,包括申请说明、评估意见、自行监测方案等。其中企业的申请说明包括环评批复情况、生产线建设、产排污节点、污染物执行标准、许可量计算方法等内容，并需要对企业的申报情况做简要梳理。自行监测方案、排污口和监测孔规范化设置情况说明等附件材料设置规范统一的格式。开展核发工作，按照生态环境部、江苏省生态环境厅的部署和要求，全力投入开展排污许可证核发工作，举办了10余个重点行业排污许可证申请与核发技术规范培训班，开展"集中审核、集中修改、集中发证"工作。在改革后的发证过程中常州市初步探索出基于水环境质量的排污许可量技术方法，该方法以"技术、水质、水量"为基础，进行排污许可限值的核定。其中，前两种方法与目前各行业技术规范相一致，以"工艺与技术"为基础，在考虑经济可达性、污染削减收益带来的成本增加等因素的基础上，适用相似的基于最佳污染控制技术的排放限值，以"水环境质量和容量"为基础对许可限值进行核定，基于《水污染防治行动计划》要求和水环境容量设置水质标准。另外，常州市尝试以水量为基础对排污许可限值进行核定，基于重点地区与印染行业企业商定的污水排放量计划进行试点，确定基础排水量，从而核定废水污染物排污许可量。

证后层面。常州市进一步跟进证后管理，在排污许可证核发过程中同步着手建立证后监管工作机制，结合"双随机"和"263"行动开展专项和随机抽查制度。各辖市(区)组织开展已核发排污许可证行业企业排污许可证执行报告、台账记录、自行监测、信息公开等执行检查。2017年11月开展了造纸、火电两个行业排污许可证执行情况执法检查;2018年5月开展前一年纳入许可证核发范围的15个重点行业的专项检查。共计执法检查70家企业。以现场检查"查什么，怎么查"为抓手，常州市生态环境局制定了《排污许可证执法检查要点》、《排污单位自行监测监督检查记录表》等文件，提升排污许可证精细化执法管理水平[105]。

制度融合层面。在与总量控制制度融合的工程中：常州市在对已经核定初始排污权或排污权有效期满后重新核定排污权时，已建成投产或环境影响评价文件通过审批的排污单位，以国家和江苏省下达的污染物排放总量为目标，综合全市排污单位现实的排放状况、产业发展规划以及污染负荷强度分配区域排污权，对企业初始排污权进行核定，以满足区(流)域和行业总量控制要求。通过排污许可证确认企业获得的合法排污权。在与排污权有偿使用和交易制度的融合过程中，常州市在排污权的有偿使用和排污权交易的管理过程中，根据资源环境的稀缺程度、经济发展水平等因素确定了排污权有偿使用费征收标准和排污权交易指导价格。对常州市范围内 8 种对环境质量有突出影响的主要污染物（化学需氧量、氨氮、总磷、总氮、二氧化硫、氮氧化物、挥发性有机物和烟（粉）尘）实行排污权有偿使用。企业在通过产业技术升级减少污染排放后，富余的排污权指标可以通过排污权交易市场出让，实现资源环境的优化配置。排污权有偿使用费征收标准由政府定价，排污权购买以公开竞价方式实行，排污权回购高于有偿使用标准，可以通过适度溢价的方式，促进企业积极参与排污权交易和有偿使用，保证排污权交易市场的持续发展。

3.2.3 区县层面

1. 常州市武进区

常州市武进生态环境局设 8 个内设机构和 4 个外派机构，内设机构包括办公室、宣教法规科、大气污染防治科、固废与辐射监督管理科、土壤污染防治科、信访督查科、环境执法局、环境监测站，外派机构包括城区环境保护所、高新区环境保护所、西太湖环境保护所、太湖湾环境保护所。武进生态环境局与排污许可及制度相关的为监督管理大气、水体、土壤、固体废物、噪声、有毒化学品以及机动车等方面的污染物防治工作；执行建设项目“三同时”管理制度；对各种污染源排污情况及治理设施的运行状况进行监督检查，并依据法律规定征收排污费；对环境违法行为进行核查并依法处罚；负责全区的环境监测、环境信息、环境统计工作；组织实施环保目标责任、排污许可、污染物排放总量控制、限期治理、城市综合定量考核等工作；审批限额内各类建设项目环境影响报告书（报告表）；参与审批限额以上基本建设项目、技术改造项目以及区域开发建设项目环境影响报告书并负责监督全区城乡环境综合整治工作。

由于排污单位数量众多，环保力量有限，武进区分批次进行排污许可证的申领发放工作。首先聚焦区域内重点污染源、新建排污单位（含新、改、扩项目）、排放医疗污水等企业单位的排污许可证发放，然后逐步扩大排污许可证发放范围至全覆盖。

在排污量的分配上实行浓度控制和总量控制结合的分配方式。武进区各企事业单位排污量以环境统计、环评审批、排污申报、污染源在线监控以及日常监管、自动监测数据等作为依据，按照污染物达标排放、环境质量改善和清洁生产原则，确定其污染物允许排放量。对于污染物实际排放量明显低于允许排放量的单位，根据实际情况，核减回购其多余的许可排放量；对于污染物实际排放量明显高于允许排放量的单位，根据实际情况，重新核定其允许污染物排放量或责令其限期整改。

为了加强证后监管工作，武进区实施了一系列措施。第一，实行排污许可证年度审核制度，并将审核结果与环保资金和企业环境行为等级挂钩。第二，将排污许可证作为拟上市企业开展环保核查的必要条件。第三，按照省生态环境厅《关于印发〈江苏省污染源自动监控管理暂行办法〉的通知》（苏环规(2011)1号）规定，重点企业必须安装污染物与武进区生态环境局的监控设备联网的自动监控设施。

2. 宜兴市

宜兴市生态环境局内设办公室、规划生态科、污染物排放总量控制科、行政许可科、环境法制科、环境宣教科、监察室7个科室，设有环境监察局、环境监测站2个下属事业单位。

宜兴市生态环境局主要职能中与排污许可及相关制度有关的有：办公室负责更新环保局机构职能、年度或者阶段性工作总结、环保部门预决算报告；规划生态科和办公室负责更新市政府年度工作目标任务分解落实方案以及环保工作的阶段性执行情况；污染物排放总量控制科负责排污权有偿使用以及排污总量控制和污染防治等方面；行政许可科开展排污许可证申请与核发等技术规范培训工作；环境法制科负责审核和更新排序许可证方面的规范性文件的公开发布；环境宣教科负责环境宣传教育、良好生态创建相关信息公布以及环保活动;环境监察局负责更新环境保护的监督检查情况;环境监测站负责更新环保部门年度或阶段性统计数据。

3.3 排污许可证制度实施现状总结

江苏省认真执行了国家各项实施办法和管理方案,积极推进排污许可证制度改革。省内各市、区响应了国家、省级发展规划和工作计划,积极承担排污许可证核放、企业填报培训工作,并不断扩大发证范围。2017 年以来,江苏省积极推进排污许可证制度改革,无论是发证数量还是登记数量都在全国领先。2018 年提前完成国家下达的 33 个重点行业的发证任务,2019 年完成 82 个行业的排污许可证核发任务,2020 年根据最新发布的《固定污染源排污许可分类管理名录》开展排污登记工作,截至 2022 年 7 月,江苏省已核发排污许可证 3.3 万家,28 家企业进行了排污登记。根据生态环境部统一部署要求,江苏省认真推进“双百”工作,即“3 年内排污许可证质量审核率 100%,1 年内执行报告审核率 100%”,排污许可证核发质量显著提高,排污单位按期提交执行报告意识显著增强。省内各市、区切实提升排污单位持证排污、按证排污,落实证后管理要求的意识。

尽管各级政府和生态环境主管部门对于制度的实施做出了巨大贡献,但目前在具体的实践中还存在诸多问题。主要包括证前核算制度的建立,证中专职管理人员不足、主体权责不清、政府发证尺度不一,证后企业主体责任意识薄弱、主管部门监管力度不够等,这将在后续章节中进行详细分析。

第四章　江苏省太湖流域排污许可制度绩效评估

国家提出“生态优先、绿色发展”新理念，深刻把握保护生态环境与经济发展的辩证关系，并做出包括全方位、跨区域、统筹协调发展等多个方面的重大战略部署。明确提出“构建以排污许可制为核心的固定污染源监管制度体系”，2017 年排污许可证制度改革已全面开展，在国家以及江苏省大力推进下，江苏省太湖流域排污许可证制度的实施效果如何？还存在哪些问题与不足？这是本书力求回答的问题。

为此，本章将采用指标评估法构建排污许可绩效评估方法体系，对排污单位和区域对于排污许可证制度的执行进行定量化评估。

4.1　针对太湖流域排污单位的排污许可绩效评估方法构建

4.1.1　确定评估对象

考虑到排污许可绩效评估方法的有效性和实用性，切实地为科学决策、精准管控太湖流域排污许可证制度做出贡献，本章研究采用指标评估法展开，从各评估主体的需求出发，结合各利益相关方在排污许可制度实施过程中发挥的作用，梳理出绩效评估指标体系需要涵盖的内容。各利益相关方之间的关系及各自对于绩效评估的需求状况如图 4－1 所示。

党的十九大报告中强调“强化排污者责任”，排污单位不仅是政策最终执行的落脚点，也是面临环境保护和经济效益平衡的主体，最能直接反映出政策执行绩效，因此本节主要选择排污单位作为指标体系构建和评估的对象。

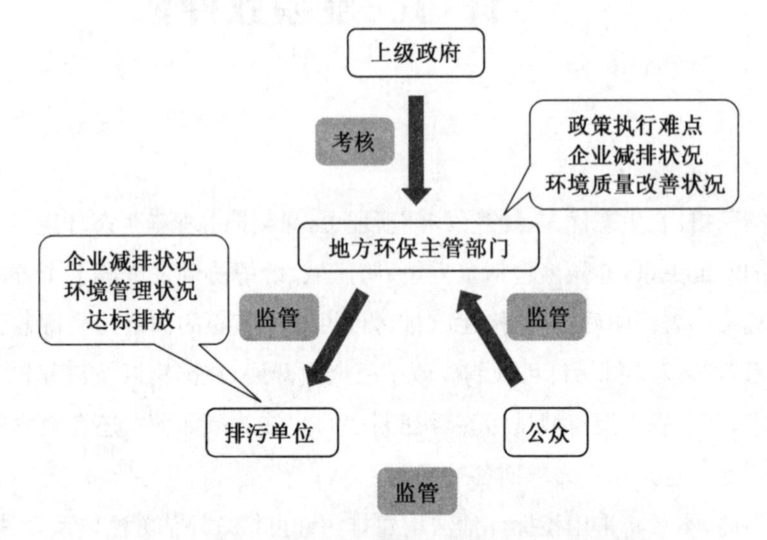

图 4－1　排污许可制度实施各利益相关方关系示意图

Fig. 4－1　Schematic Diagram of Stakeholder Relationship in the Implementation of Permit System of Pollutant Discharge

4.1.2　太湖流域排污单位排污许可绩效评估指标体系构建

绩效评估指标体系的构建首先要遵循指标体系与管理目标一致性原则。《排污许可管理条例》中明确对排污单位提出“遵守排污许可证规定，按照生态环境管理要求运行和维护污染防治设施，建立环境管理制度，严格控制污染物排放”的要求。除了一致性原则，还要坚持重点和全面相结合的原则。绩效评估的指标设置既要突出排污单位排污许可证要求的执行情况和环境管理要求的落实情况，又要从整体上兼顾排污许可证制度带来的环保主体责任和环境管理水平的提升。据此，构建了排污单位排污许可绩效评估指标体系。

指标体系重点考虑生产活动对水环境的影响及排污许可证制度对排污单位技术水平、管理能力的影响，评估内容分为浓度排放、总量排放、技术水平、环境管理四部分。太湖流域排污单位排污许可绩效评估指标体系详见图 4－2。

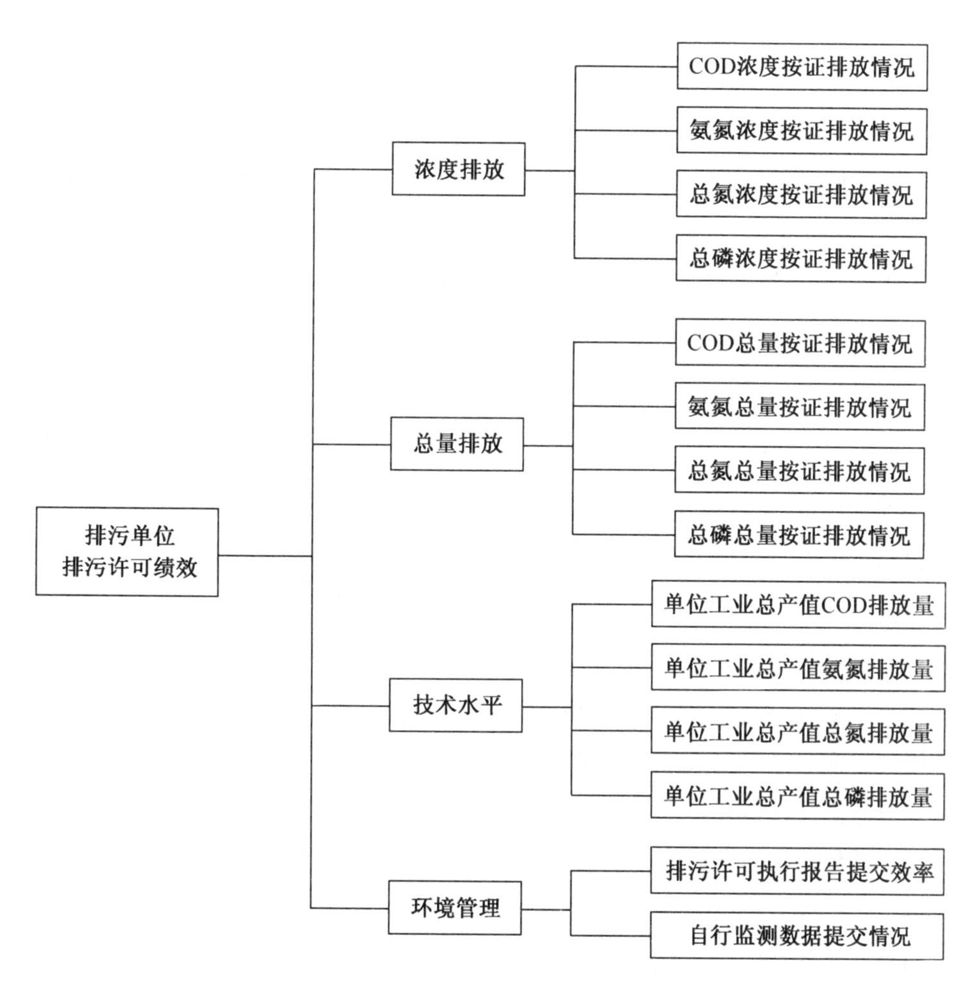

图 4－2　太湖流域排污单位排污许可制度绩效评估指标体系

Fig. 4－2　Performance Evaluation Index System of Pollutant Discharge Permit of Pollutant Discharging Units in Taihu Lake Basin

具体指标说明如下：

1. 浓度排放类

基于定性分析得到的结论，排污许可证副本中要求标明排污单位的污染物排放浓度限值，《排污许可管理条例》中也作出规定，若排污单位在生产过程中存在排放浓度超过排污许可排放规定的行为，当地的监管部门应责令改正或限制生产、停产整治，处以罚款；如果排污单位的排污行为超标严重，可直接吊销其排污许可证，报经有批准权的人民政府批准后，责令排污单位停业、关闭。根据条例中的此要求，设立浓度排放类指标检验排污单位实际排污浓度是否超出许可排放限值以及按证排污情况。

评估对象为直排排污单位时，污染物实际排放浓度是指排至外环境的污染物浓度；评估对象为接管排污单位时，污染物实际排放浓度是指排污单位预处理后、接管至污水处理厂的污染物浓度。

以指标“COD 排放浓度按证排放情况”为例，计算公式如下：

$$COD_{nd}=\frac{COD_{sp}\times 106}{W_p\times COD_{nx}} \tag{1}$$

式中，COD_{nd} 为 COD 排放浓度按证排放情况，COD_{sp} 为排污单位 COD 实际排放量，单位为吨，W_p 为排污单位工业废水排放量，单位为吨，COD_{nx} 为排污单位 COD 许可排放浓度限值，单位为 mg/L。

2. 总量排放类

基于定性分析，了解到排污许可证副本中还标明排污单位的污染物排放量限值，并且与浓度排放一样，在《排污许可管理条例》中作出明确规定。因此设立总量排放类指标检验排污单位实际排污量是否超出许可排放限值以及按证排污情况。

评估对象为直排排污单位时，污染物实际排放总量是指排至外环境的污染物排放总量；评估对象为接管排污单位时，污染物实际排放总量是指排污单位预处理后、接管至污水处理厂的污染物排放总量。

以指标“COD 排放总量按证排放情况”为例，计算公式如下：

$$COD_{zl}=\frac{COD_{sp}}{COD_{zx}} \tag{2}$$

式中，COD_{zl} 为 COD 排放总量按证排放情况，COD_{sp} 为排污单位 COD 实际排放量，单位为吨，COD_{zx} 为排污单位 COD 许可排放总量限值，单位为吨。

3. 技术水平分类

排污单位面对减排压力，采取的技术升级改造措施也是对其绩效评估的内容之一，但考虑到排污单位自行填报信息的准确度以及不同技术的差异性，本研究采用排污单位的年度单位工业总产值 COD 排放量、氨氮排放量、TN 排放量和 TP 排放量来评估，在衡量排污单位减排技术水平的同时，也能反映其实际生产行为对生态环境的影响。各指标的单位均为：kg/万元。

以指标“单位工业总产值 COD 排放量”为例，计算公式如下：

$$Value_{COD} = \frac{COD_{sp} \times 1\,000}{Value} \tag{3}$$

式中，$Value_{COD}$ 为单位工业总产值 COD 排放量，单位为 kg/万元，COD_{sp} 为排污单位 COD 实际排放量，单位为吨，$Value$ 为排污单位的工业总产值，单位为万元。

4. 环境管理类

《排污许可管理条例》中对排污单位的排污管理行为提出了要求。其中第二十二条规定“排污单位应当按照排污许可证规定的内容、频次和时间要求，向审批部门提交排污许可证执行报告，如实报告污染物排放行为、排放浓度、排放量等。”另外第二十三条规定“排污单位应当按照排污许可证规定，如实在全国排污许可证管理信息平台上公开污染物排放信息”，当中的污染物排放信息不仅指排放浓度、执行报告等，还包括自行检测数据。同时定性分析结果表明，企业在平台上提交的信息存在自行监测信息数据不全、质量不高、报送滞后、达不到管理要求的现象，同时，排污单位对于执行报告提交等方面的执行情况也不理想。因此，设置“排污许可执行报告提交效率”以及“自行监测年报数据提交情况”两项指标衡量排污单位的环境管理执行情况。

4.1.3 评估指标权重确定方法

在绩效评估的研究中，评价指标权重直接关乎最终结果的准确性，目前权重的确定方法主要分三类：主观赋权法，该方法由打分者进行主观赋分，受其个人学术背景和研究经验的影响，缺乏客观判断，常用的方法有层次分析法(Analytic Hierarchy Process)[106,107]、德尔菲法(Delphi Method)等等；客观赋权法，依据指标本身的差异信息，利用数理统计方法得到权重，常用的方法有熵权法[108]、投影寻踪法[110]、变异系数法[111,112]等；综合赋权法，是指结合了主观和客观的赋权方法，具有较高的准确度。

本研究为了保障绩效评估的科学性和有效性，采用层次分析法结合变异系数法进行权重的确定。变异系数法作为一种客观赋权法，能够反应单因子内部、横向结构的规律[113]，层次分析法与变异系数法相结合，既能保有因子相互关系的有序层次，又能中和主观偏好性。

首先，运用层次分析框架建立排污许可绩效评估指标体系，如表 4－1 所示。其中目标层 A 为排污单位排污许可绩效，浓度排放、总量排放、技术水平和环境管理四大类分别对应准则层 B_1、B_2、B_3、B_4，指标层 C 即对应具体确立的指标。根据层次分析法得到各指标权重 V_i，作为指标层纵向的影响控制。

表 4－1　绩效评估指标层次表

Table 4－1　Hierarchy Table of Performance Evaluation Indicators

<table>
<tr><th>目标层 A</th><th>准则层 B</th><th>指标层 C</th></tr>
<tr><td rowspan="6">排污单位
排污许可绩效
(A)</td><td rowspan="4">浓度排放
(B_1)</td><td>COD 排放浓度按证排放情况(C_{11})</td></tr>
<tr><td>氨氮排放浓度按证排放情况(C_{12})</td></tr>
<tr><td>总氮排放浓度按证排放情况(C_{13})</td></tr>
<tr><td>总磷排放浓度按证排放情况(C_{14})</td></tr>
<tr><td rowspan="2">总量排放(B_2)</td><td>COD 排放总量按证排放情况(C_{21})</td></tr>
<tr><td>氨氮排放总量按证排放情况(C_{22})</td></tr>
</table>

（续表）

目标层 A	准则层 B	指标层 C
排污单位排污许可绩效(A)	技术水平(B_3)	总氮排放总量按证排放情况(C_{23})
		总磷排放总量按证排放情况(C_{24})
	环境管理(B_4)	单位工业总产值 COD 排放量(C_{31})
		单位工业总产值氨氮排放量(C_{32})
		单位工业总产值总氮排放量(C_{33})
		单位工业总产值总磷排放量(C_{34})
		排污许可执行报告提交效率(C_{41})
		自行监测数据提交情况(C_{42})

而后，再采用变异系数法对排污许可绩效评估各项指标进行赋值，具体的步骤见式(4)至(6)：

(1) 求各指标层数据的平均值：

$$\bar{A}_i = \frac{1}{n}\sum_{i=1}^{n} A_{ij}(i = 1,2,\cdots,15; j = 1,2,\cdots,n) \tag{4}$$

(2) 求各指标层数据的标准差：

$$\delta_i = \sqrt{\frac{1}{n}\sum_{i=1}^{n}(A_{ij} - \bar{A}_i)^2} \tag{5}$$

(3) 求各指标层的变异系数：

$$P_i = \frac{\delta_i}{\bar{A}_i} \tag{6}$$

式中，$\bar{A}_i$ 为各指标层数据的平均值，δ_i 为各指标层数据的标准差，P_i 为各指标层的变异系数。

最终，得到归一化后各项指标的综合权重：

$$W_i = \frac{P_i V_i}{\sum_{i=1}^{n} P_i V_i} \tag{7}$$

4.1.4 绩效评估评分标准和等级划分

4.1.4.1 评分标准的确定

评分标准作为绩效评估的重要组成之一，是最终得到评估结果的关键依据。为了确保评估的有效性和实用性，本文针对太湖流域的实际情况，以国家出台的相关管理文件为基准，以排污许可领域的专家咨询意见为依据，同时借鉴有关历史研究或地方出台相关办法，来制定评分标准，具体见表 4-2。

表 4-2 太湖流域排污许可绩效评估指标评分标准

Table 4-2 Taihu Lake Drainage Permit Performance Evaluation Index Scoring Standards

指标类别	指标名称	评分标准
浓度排放(ND)	COD 排放浓度按证排放情况(PC_n)	基准分:COD 排放浓度未超出排放许可证规定浓度，PC_n为 0.6;每低于许可证规定浓度 10%，PC_n加 0.2，加至 1 为止;每高于许可证规定浓度 10%，PC_n减 0.3，减为 0 为止。 即$COD_{nd}\leqslant 0.8$时，PC_n为 1;$0.8<COD_{nd}\leqslant 0.9$时，$PC_n$为 0.8;$0.9<COD_{nd}\leqslant 1$时，$PC_n$为 0.6;$1<COD_{nd}\leqslant 1.1$时，$PC_n$为 0.3;$COD_{nd}>1.1$时，$PC_n$为 0。
	氨氮排放浓度按证排放情况(PA_n)	基准分:氨氮排放浓度未超出排放许可证规定浓度，PA_n为 0.6;每低于许可证规定浓度 10%，PA_n加 0.1，加至 1 为止;每高于许可证规定浓度 5%，PA_n减 0.3，减为 0 为止。 即 $NH_3-N_{nd}\leqslant 0.6$时，PA_n为 1;$0.6<NH_3-N_{nd}\leqslant 0.7$时，$PA_n$为 0.9;$0.7<NH_3-N_{nd}\leqslant 0.8$时，$PA_n$为 0.8;$0.8<NH_3-N_{nd}\leqslant 0.9$时，$PA_n$为 0.7;$0.9<NH_3-N_{nd}\leqslant 1$时，$PA_n$为 0.6;$1<NH_3-N_{nd}\leqslant 1.05$时，$PA_n$为 0.3;$NH_3-N_{nd}>1.05$时，$PA_n$为 0。
	总氮排放浓度按证排放情况(PN_n)	同上 PA_n的评分标准。
	总磷排放浓度按证排放情况(PP_n)	同上 PA_n的评分标准。

（续表）

指标类别	指标名称	评分标准
总量排放(ZL)	COD排放总量按证排放情况(PC_z)	基准分：COD排放总量未超出排放许可证规定量，PC_z为0.6；每低于许可证规定量10%，PC_z加0.2，加至1为止；每高于许可证规定量10%，PC_z减0.3，减为0为止。 即$COD_{zl} \leqslant 0.8$时，PC_z为1；$0.8 < COD_{zl} \leqslant 0.9$时，$PC_z$为0.8；$0.9 < COD_{zl} \leqslant 1$时，$PC_z$为0.6；$1 < COD_{zl} \leqslant 1.1$时，$PC_z$为0.3；$COD_{zl} > 1.1$时，$PC_z$为0。
	氨氮排放总量按证排放情况(PA_z)	基准分：氨氮排放总量未超出排放许可证规定量，PA_z为0.6；每低于许可证规定量10%，PA_z加0.1，加至1为止；每高于许可证规定量5%，PA_z减0.3，减为0为止。 即$NH_3-N_{zl} \leqslant 0.6$时，$PA_z$为1；$0.6 < NH_3-N_{zl} \leqslant 0.7$时，$PA_z$为0.9；$0.7 < NH_3-N_{zl} \leqslant 0.8$时，$PA_z$为0.8；$0.8 < NH_3-N_{zl} \leqslant 0.9$时，$PA_z$为0.7；$0.9 < NH_3-N_{zl} \leqslant 1$时，$PA_z$为0.6；$1 < NH_3-N_{zl} \leqslant 1.05$时，$PA_z$为0.3；$NH_3-N_{zl} > 1.05$时，$PA_z$为0。
	总氮排放总量按证排放情况(PN_z)	同上PA_z的评分标准。
	总磷排放总量按证排放情况(PP_z)	同上PA_z的评分标准。
技术水平(SK)	单位工业总产值COD排放量(GC)	分子行业对流域内排污单位的单位工业总产值COD排放量进行评分，GC共计5档(1、0.8、0.6、0.3、0)，具体各子行业分级标准见附表。
	单位工业总产值氨氮排放量(GA)	分子行业对流域内排污单位的单位工业总产值氨氮排放量进行评分，GA共计5档(1、0.8、0.6、0.3、0)，具体各子行业分级标准见附表。
	单位工业总产值总氮排放量(GN)	分子行业对流域内排污单位的单位工业总产值总氮排放量进行评分，GN共计5档(1、0.8、0.6、0.3、0)，具体各子行业分级标准见附表。
	单位工业总产值总磷排放量(GP)	分子行业对流域内排污单位的单位工业总产值总磷排放量进行评分，GP共计5档(1、0.8、0.6、0.3、0)，具体各子行业分级标准见附表。
环境管理(MA)	排污许可执行报告提交效率(PW)	若企业执行报告提交率达100%，PW为1；提交率达80%，PW为0.7；提交率达70%，PW为0.4；提交率达60%，PW为0.2；提交率未达60%，PW为0。
	自行监测数据提交情况(SD)	若水污染物自行监测数据在执行报告年报上填写，SD为1；若未填写，SD为0。

其中，浓度排放类和总量排放类指标评分标准设有基准分，在基准分的基础上进行加减，此处参考了《常州市武进区基于容量总量的水污染物排放许可实施绩效评估办法(试行)》。另外结合《江苏省太湖水污染防治条例》中对氮、磷排放的要求以及流域内污染排放强度大、氮磷管控要求高的现状，严格对氨氮、总氮、总磷的评分，体现当前水环境管理的迫切需求。

关于技术水平的评分标准，由于行业中子行业种类繁多，各子行业的工艺差异也较大，若不对行业内细化区分分类，恐造成评估结果有失公允。因此，评分标准在行业内进行了细化分类，不同类别采用不同评分标准。至于分类，考虑分类的合理性以及与全国排污许可证管理信息平台保持同步，选择以排污单位的排污许可证行业类别为依据，按《国民经济行业分类》(GB/T 4754—2017)的行业中类进行分类。具体评分分级数值，由于缺少相关标准，根据专家咨询意见，基于排污单位实际水平，依据百分位数进行指标分级。

在划定百分位时，考虑到此次绩效评估设计是针对太湖流域的排污单位，作为高标准要求的地区，百分比划定若以全国或全省为范围，缺乏区分度，因此在划定时，针对太湖流域各类别企业进行。以“单位产值 COD 排放量”这一指标为例，单位产值 COD 排放量＝企业年度 COD 排放总量/当年企业工业总产值，计算出太湖流域某类别的每个企业的单位产值 COD 排放量以后，对所有企业的计算数值按照从小到大的顺序排序，得到第 20、50、70、90 百分位数，将四个百分位数作为分级的节点对指标进行分级。

4.1.4.2 评估分值计算与等级划分

分类评估分值是指通过加权计算，分别对浓度排放类(ND)、总量排放类(ZL)、技术水平类(SK)和环境管理(MA)进行的准则层评估。依据太湖流域排污许可绩效评估指标评分标准，结合各排污单位的实际情况，得到每项指标的得分，再通过其权重(W_i)进行加权计算，得到分类评估分值，计算公式：

$$ND=\frac{PC_n\times W_1+PA_n\times W_2+PN_n\times W_3+PP_n\times W_4}{W_1+W_2+W_3+W_4}\times 100 \quad (8)$$

$$ZL=\frac{PC_z\times W_5+PA_z\times W_6+PN_z\times W_7+PP_z\times W_8}{W_5+W_6+W_7+W_8}\times 100 \quad (9)$$

$$SK=\frac{GC\times W_9+GA\times W_{10}+GN\times W_{11}+GP\times W_{12}}{W_9+W_{10}+W_{11}+W_{12}}\times 100 \quad (10)$$

$$MA=\frac{PW\times W_{13}+SD\times W_{14}}{W_{13}+W_{14}}\times 100 \quad (11)$$

综合评估分值由浓度排放类(ND)、总量排放类(ZL)、技术水平类(SK)和环境管理(MA)所有准则层的指标的得分加权计算得到，用KPI表示，计算公式为：

$$KPI=\sum_{i=1}^{n}W_iG_i\times 100 \quad (12)$$

其中，W_i 为指标层各指标权重，G_i 为指标层各指标评分。

为直观的反应排污许可绩效，对综合评估的分值进行等级划分，分为五个等级，具体等级划分对照见表4-3。

表4-3　综合评估结果等级划分

Table 4-3　Classification of Comprehensive Evaluation Results

序号	评估分值	等级
1	KPI≥90	优秀
2	80≤KPI<90	良好
3	70≤KPI<80	中等
4	60≤KPI<70	合格
5	KPI<60	不合格

若浓度排放类和总量排放类指标中有一项指标得分低于0.6的(即存在超浓度或超量排放的)，评估结果不得评为中等以上。有两项指标得分低于0.6的，考核结果为不合格。

4.1.5 与“十二五”太湖流域绩效评估指标体系对比

“十二五”水体污染控制与治理科技重大专项中的太湖流域(江苏)控制单元水质目标管理与水污染物排放许可证实施(课题编号:2012ZX07506—002)课题针对江苏省太湖流域基于容量总量的排污许可证实施情况，通过构建绩效评估标准和指标体系，确定绩效评估方法，形成排污许可证实施绩效评估方法(具体参见2.2.1节)。

本研究构建的指标体系与“十二五”太湖流域绩效评估指标体系(见表2-2)进行对比，在指标选择方面本文构建的指标体系考虑了单位工业总产值污染物排放量等技术水平指标，将企业采取的技术升级改造纳入考虑范围，环境管理指标相比“十二五”太湖流域绩效评估指标体系选择清洁生产和环评报告执行情况，本文构建的指标体系选择了与排污许可证执行关系更密切的排污许可执行报告提交效率和自行监测报告提交情况两个指标，而在权重确定方面，相比于“十二五”太湖流域绩效评估指标体系采用的较为主观的层次分析法，本文采用层次分析法结合变异系数法进行权重的确定。既能保有因子相互关系的有序层次，又能中和主观偏好性，确保了绩效评估的科学性和有效性。最后在评分标准方面，“十二五”太湖流域绩效评估指标体系中规定超过排放许可证规定排放扣分，本文指标体系评分标准设置按证排放为基准分数，超量排放在基准分数上扣分，同时规定减少排放在基准分数上加分，比较而言，本文的评分标准对企业减排提出了更高的要求，在企业按排放许可证规定排放的基础上也鼓励企业进一步减少污染物排放，同时也增大了企业绩效结果的区分度。

4.2 太湖流域排污单位绩效评估分析:以印染行业为例

印染行业是我国传统工业之一，生产规模、产品门类都位于世界前列，而江苏省作为产能全国第二的印染大省，其行业发展历史悠久，主要集中在太湖流域。印染行业作为江苏省太湖流域第一批发放排污许可证的重点行业之一，在2017年、2018年已完成全行业的发证，截至2020年7月3日，印染行业发证数据全省最高，占江苏省总发证数量的13%[114]。考虑数据的可获取性以及绩效评估的有效性，本章选取了2017年底发证的519家江苏省太湖流域印染企业作为绩效评估的主体进行评估分析。

4.2.1　数据获取

本研究所用到的数据主要包括污染物排放、工业总产值和执行报告及自行监测情况，其中污染物排放和工业总产值数据来源于《江苏省环境统计数据(2018年)》，执行报告和自行监测数据来源于全国排污许可证管理信息平台。

4.2.2　确定评估指标权重

根据《控制污染物排放许可制实施方案》中的要求，“严格落实企事业单位环境保护责任”，具体包括确保污染物排放浓度和排放量等达到许可要求、不断提高污染治理和环境管理水平、实行自行监测和定期报告等，与准则层中设置的B_1、B_2、B_3、B_4相对应，说明四项准则均对排污单位的排污许可绩效具有重要意义，但未有主次之分，因此参考《常州市武进区基于容量总量的水污染物排放许可实施绩效评估办法(试行)》中对于准则层的权重分配，B_1、B_2、B_3、B_4以1∶2∶1∶1分配。另外，指标层C，即B_1、B_2、B_3中指标涉及的具体污染物，都是排污许可核定的污染物排放种类，B_4涉及的排污单位排污许可环境管理措施，在《排污许可管理条例》中第二十二条和第二十三条中都被明确规定，其地位相当，对准则层重要性相同。因此，指标层C采用均权法。排污单位排污许可绩效基于层次分析法确定的权重结果如表4-4所示。

表 4-4　层次分析法确定权重结果表

Table 4-4　Analytic Hierarchy Process to Determine the Weight of the Result Table

目标层 A	准则层 B	准则层权重	指标层 C	指标层分权重	指标层权重 V
排污单位排污许可绩效	浓度排放(B_1)	0.2	COD 排放浓度按证排放情况(C_{11})	0.25	0.05
			氨氮排放浓度按证排放情况(C_{12})	0.25	0.05
			总氮排放浓度按证排放情况(C_{13})	0.25	0.05
			总磷排放浓度按证排放情况(C_{14})	0.25	0.05
	总量排放(B_2)	0.4	COD 排放总量按证排放情况(C_{21})	0.25	0.1
			氨氮排放总量按证排放情况(C_{22})	0.25	0.1
			总氮排放总量按证排放情况(C_{23})	0.25	0.1
			总磷排放总量按证排放情况(C_{24})	0.25	0.1
	技术水平(B_3)	0.2	单位工业总产值 COD 排放量(C_{31})	0.25	0.05
			单位工业总产值氨氮排放量(C_{32})	0.25	0.05
			单位工业总产值总氮排放量(C_{33})	0.25	0.05
			单位工业总产值总磷排放量(C_{34})	0.25	0.05
	环境管理(B_4)	0.2	排污许可执行报告提交效率(C_{41})	0.50	0.1
			自行监测年报数据提交情况(C_{42})	0.50	0.1

各指标层的变异系数是由单因子自身的平均值和标准差得到，结果如表 4-5 所示。

表 4-5　变异系数法确定权重结果表

Table 4-5　Variation Coefficient Method to Determine the Weight Table

准则层 B	指标层 C	平均值	标准差	变异系数
浓度排放(B_1)	COD 排放浓度按证排放情况(C_{11})	0.393 94	2.199 06	5.582 19
	氨氮排放浓度按证排放情况(C_{12})	0.286 74	0.262 98	0.917 11
	总氮排放浓度按证排放情况(C_{13})	0.462 07	0.223 67	0.484 05
	总磷排放浓度按证排放情况(C_{14})	0.348 81	0.488 13	1.399 41
总量排放(B_2)	COD 排放总量按证排放情况(C_{21})	0.240 83	0.291 68	1.211 12
	氨氮排放总量按证排放情况(C_{22})	0.236 60	0.232 70	0.983 53

（续表）

准则层 B	指标层 C	平均值	标准差	变异系数
浓度排放（B_1）	总氮排放总量按证排放情况（C_{23}）	0.396 23	0.392 80	0.991 34
	总磷排放总量按证排放情况（C_{24}）	0.308 72	0.527 87	1.709 85
技术水平（B_3）	单位工业总产值 COD 排放量（C_{31}）	3.791 58	16.237 47	4.282 51
	单位工业总产值氨氮排放量（C_{32}）	0.228 82	0.339 58	1.484 07
	单位工业总产值总氮排放量（C_{33}）	0.704 94	0.958 14	1.359 18
	单位工业总产值总磷排放量（C_{34}）	0.024 47	0.044 43	1.815 60
环境管理（B_4）	排污许可执行报告提交效率（C_{41}）	0.742 31	0.382 98	0.515 93
	自行监测年报数据提交情况（C_{42}）	0.776 92	0.416 31	0.535 84

最后根据式(7)得到归一化后各项指标的综合权重，见表 4－6。

表 4－6　综合权重结果表

Table 4－6　Comprehensive Weight Results Table

准则层 B	指标层 C	指标层权重 V	变异系数 P	综合权重 W
浓度排放（B_1）	COD 排放浓度按证排放情况（C_{11}）	0.05	5.582 19	0.191 0
	氨氮排放浓度按证排放情况（C_{12}）	0.05	0.917 11	0.031 4
	总氮排放浓度按证排放情况（C_{13}）	0.05	0.484 05	0.016 6
	总磷排放浓度按证排放情况（C_{14}）	0.05	1.399 41	0.047 9
总量排放（B_2）	COD 排放总量按证排放情况（C_{21}）	0.1	1.211 12	0.082 9
	氨氮排放总量按证排放情况（C_{22}）	0.1	0.983 53	0.067 3
	总氮排放总量按证排放情况（C_{23}）	0.1	0.991 34	0.067 9
	总磷排放总量按证排放情况（C_{24}）	0.1	1.709 85	0.117 0
技术水平（B_3）	单位工业总产值 COD 排放量（C_{31}）	0.05	4.282 51	0.146 6
	单位工业总产值氨氮排放量（C_{32}）	0.05	1.484 07	0.050 8
	单位工业总产值总氮排放量（C_{33}）	0.05	1.359 18	0.046 5
	单位工业总产值总磷排放量（C_{34}）	0.05	1.815 60	0.062 1
环境管理（B_4）	排污许可执行报告提交效率（C_{41}）	0.1	0.515 93	0.035 3
	自行监测年报数据提交情况（C_{42}）	0.1	0.535 84	0.036 7

4.2.3 确定印染行业评分标准

技术水平类指标的评分标准是根据行业来划分的，本章选取的印染行业按照《国民经济行业分类》(GB/T 4754—2017)的行业分类进行分类，共分为六种，分别为棉纺织及印染精加工(171)、毛纺织及染整精加工(172)、麻纺织及染整精加工(173)、丝绢纺织及印染精加工(174)、化纤织造及印染精加工(175)、针织或钩针编织物及其制品制造(176)。

具体评分分级数值见表 4-7，根据计算得到的太湖流域中各类行业企业的实际值从小到大的顺序排序，得到第 20、50、70、90 百分位数，将四个百分位数作为分级的节点对指标进行分级。

4.2.4 排污许可绩效评估结果

开展 2018 年的排污许可绩效评估的印染企业共计 519 家，其中苏州市 365 家，无锡市 81 家，常州 73 家。

4.2.4.1 绩效评估等级分析

519 家参评印染企业，良好等级企业数最多 287 家，占比 55.19%，其次为中等等级企业数，共计 125 家，占比 24.08%，一般、优秀等级企业数较少，分别为 57 家、50 家。

表 4-7　印染行业技术水平类评分标准

Table 4-7　Printing and Dyeing Industry Technical Level Class Scoring Standards

指标名称	分值	棉纺织及印染精加工(171)	毛纺织及染整精加工(172)	麻纺织及染整精加工(173)	丝绢纺织及印染精加工(174)	化纤织造及印染精加工(175)	针织或钩针编织物及其制品制造(176)
单位工业总产值COD排放量(GC)	1	≤0.8	≤0.5	≤0.3	≤0.3	≤0.8	≤0.3
	0.8	(0.8,2.5]	(0.5,2.5]	(0.3,0.4]	(0.3,1.0]	(0.8,2.5]	(0.3,1.5]
	0.6	(2.5,4.1]	(2.5,4.9]	(0.4,0.7]	(1.0,2.5]	(2.5,3.4]	(1.5,3.4]
	0.3	(4.1,7.5]	(4.9,8.6]	(0.7,3.4]	(2.5,10.1]	(3.4,7.6]	(3.4,8.7]
	0	>7.5	>8.6	>3.4	>10.1	>7.6	>8.7
单位工业总产值氨氮排放量(GA)	1	≤0.03	≤0.02	≤0.03	≤0.05	≤0.03	≤0.02
	0.8	(0.03,0.10]	(0.02,0.06]	(0.03,0.06]	(0.05,0.11]	(0.03,0.13]	(0.02,0.09]
	0.6	(0.10,0.23]	(0.06,0.14]	(0.06,0.11]	(0.11,0.25]	(0.13,0.23]	(0.09,0.27]
	0.3	(0.23,0.55]	(0.14,0.5]	(0.11,0.22]	(0.25,1.00]	(0.23,0.57]	(0.27,0.90]
	0	>0.55	>0.5	>0.22	>1.00	>0.57	>0.90
单位工业总产值总氮排放量(GN)	1	≤0.15	≤0.13	≤0.09	≤0.11	≤0.11	≤0.06
	0.8	(0.15,0.45]	(0.13,0.40]	(0.09,0.11]	(0.11,0.23]	(0.11,0.33]	(0.06,0.32]
	0.6	(0.45,0.90]	(0.40,0.75]	(0.11,0.28]	(0.23,0.74]	(0.33,0.66]	(0.32,0.54]
	0.3	(0.90,1.75]	(0.75,1.55]	(0.28,0.35]	(0.74,2.70]	(0.66,1.65]	(0.54,1.51]
	0	>1.75	>1.55	>0.35	>2.70	>1.65	>1.51
单位工业总产值总磷排放量(GP)	1	≤0.004	≤0.003	≤0.005	≤0.005	≤0.002	≤0.002
	0.8	(0.004,0.015]	(0.003,0.009]	(0.005,0.006]	(0.005,0.011]	(0.002,0.012]	(0.002,0.008]
	0.6	(0.015,0.030]	(0.009,0.020]	(0.006,0.011]	(0.011,0.032]	(0.012,0.023]	(0.008,0.022]
	0.3	(0.030,0.065]	(0.020,0.044]	(0.011,0.022]	(0.032,0.114]	(0.023,0.059]	(0.022,0.087]
	0	>0.065	>0.044	>0.022	>0.114	>0.059	>0.087

表 4－8　太湖流域参评印染企业 2018 年绩效评估等级统计

Table 4－8　Statistics of Performance Evaluation Grades of Participating Printing and Dyeing Enterprises in Taihu Lake Basin in 2018

等级	优秀	良好	中等	一般	合计
苏州市	18	193	106	48	365
无锡市	24	51	3	3	81
常州市	8	43	16	6	73
合计	50	287	125	57	519

4.2.4.2　绩效评估平均分分析

根据 2018 年的环统数据，对太湖流域 519 家印染企业进行了绩效评估，得出参评印染企业的平均分为 74.92 分，无锡市、常州市的得分高于平均分，得分分别为 82.33 和 76.03，苏州市略低于平均分，为 73.04 分。

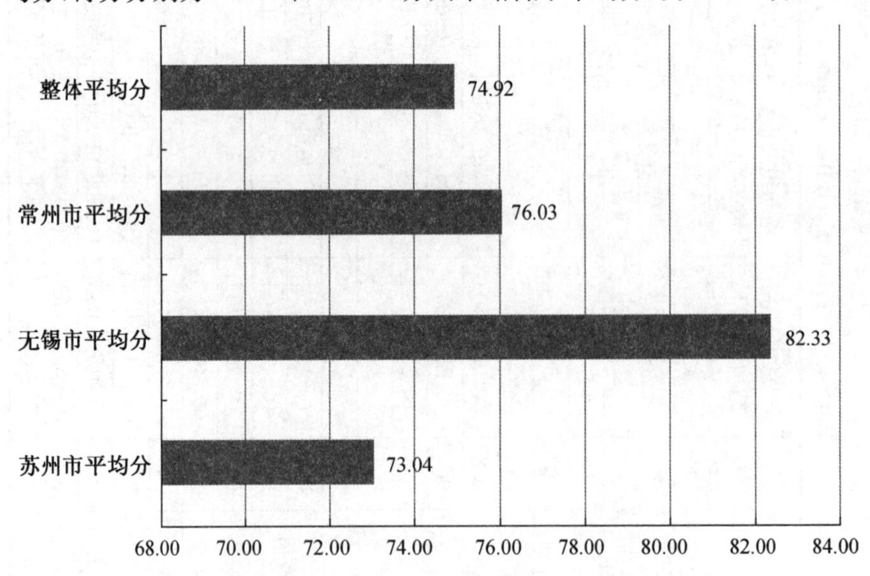

图 4－3　太湖流域参评印染企业分地区绩效平均分

Fig. 4－3　Average Performance Score of Printing and Dyeing Enterprises Participating in the Evaluation in Taihu Lake Basin by Region

4.2.4.3 分类指标得分分析

基于2018年环统数据，太湖流域参评印染企业在浓度排放、总量排放、技术水平和环境管理四类的分类得分分别为26.83、27.30、15.01和5.80。分区域来看，苏州市在浓度排放、总量排放、技术水平和环境管理四类的分类得分分别为26.50、27.16、13.82和5.55，无锡市在浓度排放、总量排放、技术水平和环境管理四类的分类得分分别为27.42、27.62、20.28和7.01，常州市在浓度排放、总量排放、技术水平和环境管理四类的分类得分分别为27.84、27.62、14.90和5.67。

表4-9 太湖流域参评印染企业2018年分项得分情况

Table 4-9 Scores of Participating Printing and Dyeing Enterprises in Taihu Lake Basin in 2018

分类	浓度排放	总量排放	技术水平	环境管理
分值	28	28	28	16
整体平均	26.83	27.30	15.01	5.80
苏州市	26.50	27.16	13.82	5.55
无锡市	27.42	27.62	20.28	7.01
常州市	27.84	27.62	14.90	5.67

基于上述各地区分类得分，进一步将其标准化(百分制)，得到了图4-4分地区分类标准化印染企业绩效得分。可以看见，就分类而言，浓度排放和总量排放的平均分远远高于技术水平和环境管理的平均分。说明参评印染企业在取得排污许可证后的2018年，基本严格按照排污许可量进行排放管理，且在此基础上尽量提升排放水平。但是在技术水平，即单位产值污染物排放量方面还有所欠缺，除此之外，参评印染企业的执行报告提交情况不佳，存在较严重的不按时提交的问题。

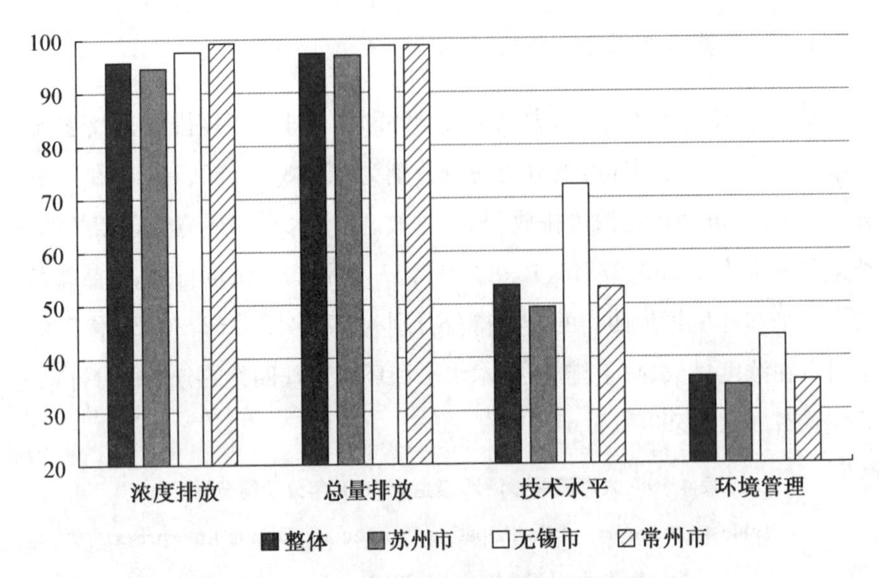

图 4-4　分地区分类标准化参评印染企业绩效得分

Fig. 4-4　Performance Score of Printing and Dyeing Enterprises Evaluated by Regional Classification and Standardization

4.2.5　基于环统数据的 2017、2018 年印染企业绩效评估对比

开展 2017、2018 年的印染企业排污许可绩效评估对比的企业共计 519 家，其中苏州市 365 家，无锡市 81 家，常州 73 家。考虑到 2017 年底企业取得排污许可证，无法参与环境管理类指标评估，因此只对浓度排放、总量排放、技术水平三类指标(共计 84 分)进行对比分析。

4.2.5.1　绩效评估平均分分析

根据 2017 年的环统数据进行评估，得出整体平均分为 68.43 分，其中无锡市、常州市的平均分都高于整体平均分，分别为 73.3 分、72.45 分。而 2018 年整体平均分有所提升，为 69.14 分，但高于平均分的地区仅无锡市，为 74.33 分。

由于满分为 84 分，将得分标准化后进行对比，如图 4－5 所示。绩效得分从 2017 年的 80.83 分提高到 2018 年 85.36 分，具体到市，苏州市和无锡市的平均分也都有明显提升。

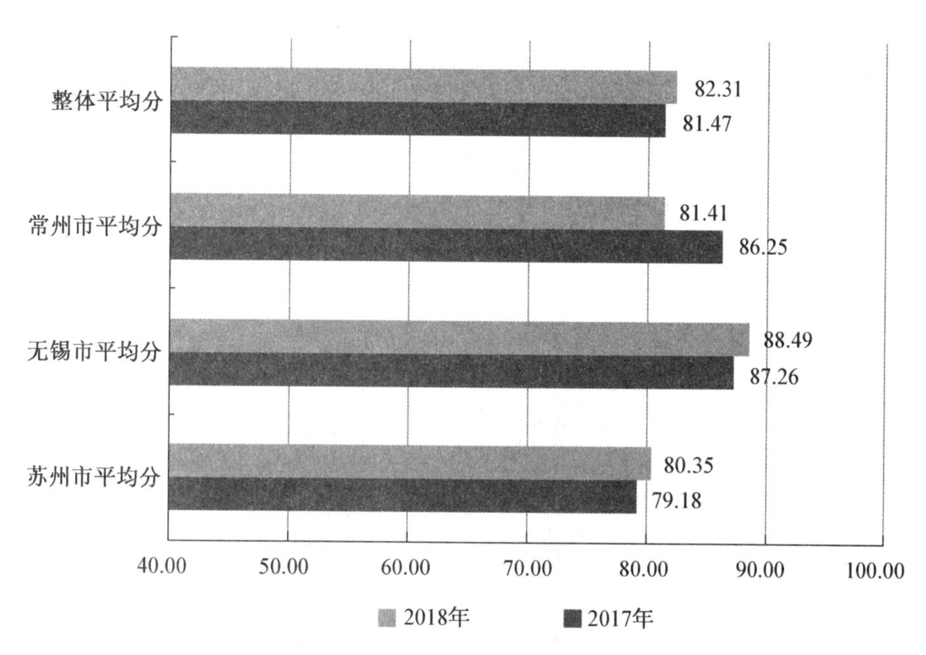

图 4－5 2017、2018 年参评印染企业绩效评估平均分比较图

Fig. 4－5 Comparison Chart of Average Performance Evaluation Scores of Participating Printing and Dyeing Enterprises in 2017 and 2018

对 519 家参评的印染企业绩效评估得分按年度为组，进行方差检验分析，结果如表 4－10 所示。2017 年和 2018 年两组组间 P 值>0.05，得分没有显著性差异，分析其原因，推断由于排污许可证的发放集中在 2017 年底，其制度效果在 2018 年仅是初步实施体现，并未有明显成效。

表 4－10 2017、2018 年绩效得分数据方差检验结果

Table 4－10 Variance Test Results of Performance Score Data in 2017 and 2018

组间	df	F	P-value	F crit
2017 年与 2018 年	1	1.106 56	0.293 07	3.850 433

4.2.5.2 绩效评估得分变化分析

综合比较，2017、2018 年的绩效评估得分，分数整体提高的企业有 181 家，整体下降的企业有 136 家，保持不变的企业有 203 家。分地区来看，各地参评企业均有过半数企业排污许可绩效评估得分提高或者保持不变，少部分企业分数有所下降。说明 2017 年底印染行业发证后，对企业起到了一定规范、督促作用。

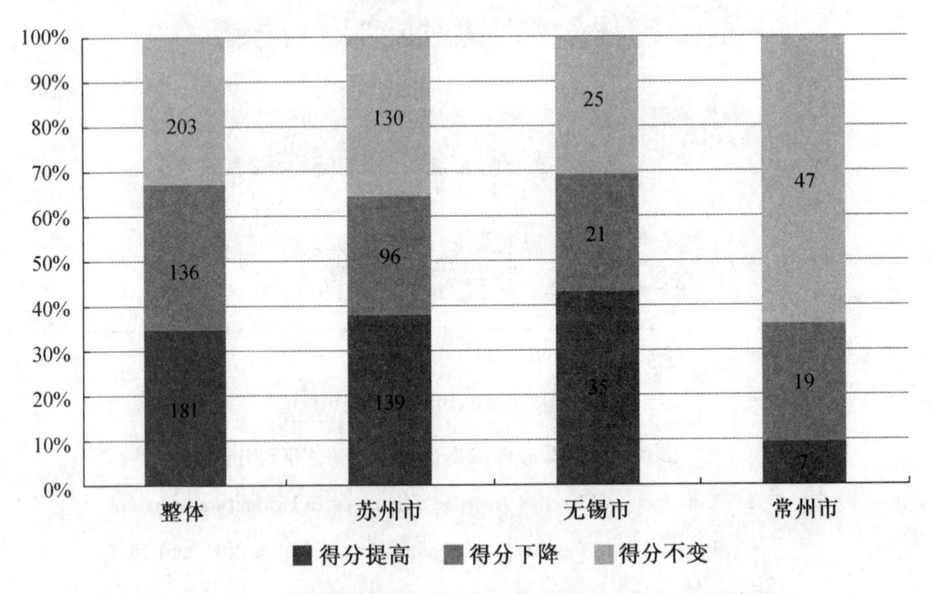

图 4-6 太湖流域分地区参评印染企业得分变化企业数情况

Fig. 4-6 Changes in Scores of Printing and Dyeing Enterprises Participating in the Evaluation in Different Regions of Taihu Lake Basin

4.2.5.3 分类指标得分变化分析

分类别来看，浓度排放类指标均分水平最高，一直保持在 70 分以上，技术水平类指标得分较低，多集中在 40—55 分，说明工业总产值污染物排放量有待减少。分年度来看，三类指标（浓度排放、总量排放、技术水平）得分均呈现逐年上升趋势。

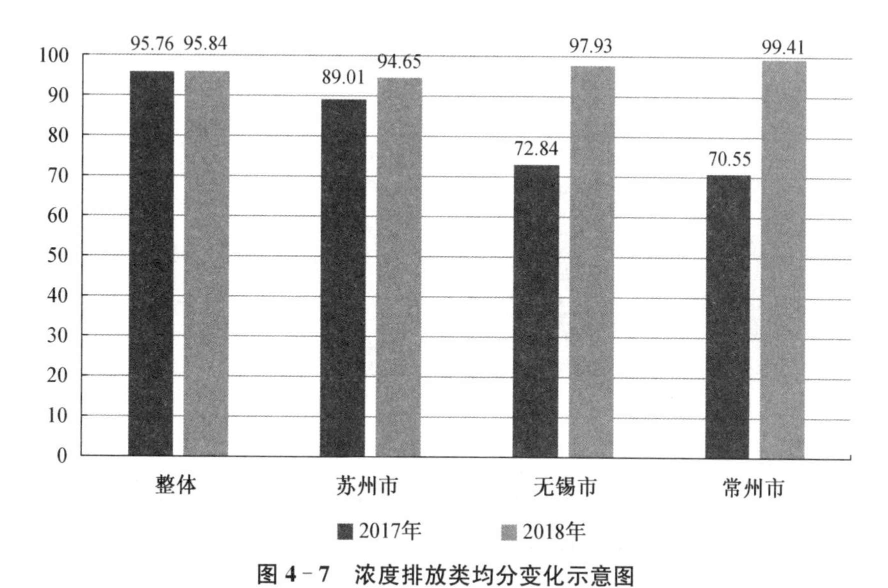

图 4-7　浓度排放类均分变化示意图

Fig. 4-7　Schematic Diagram of Average Distribution Change of Concentration Emission

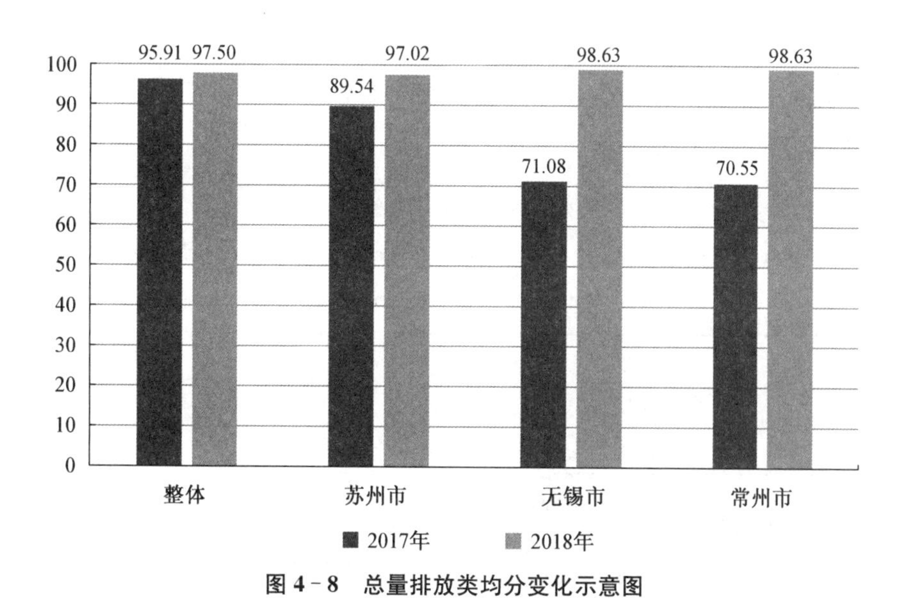

图 4-8　总量排放类均分变化示意图

Fig. 4-8　Schematic Diagram of Average Distribution Change of Total Emission

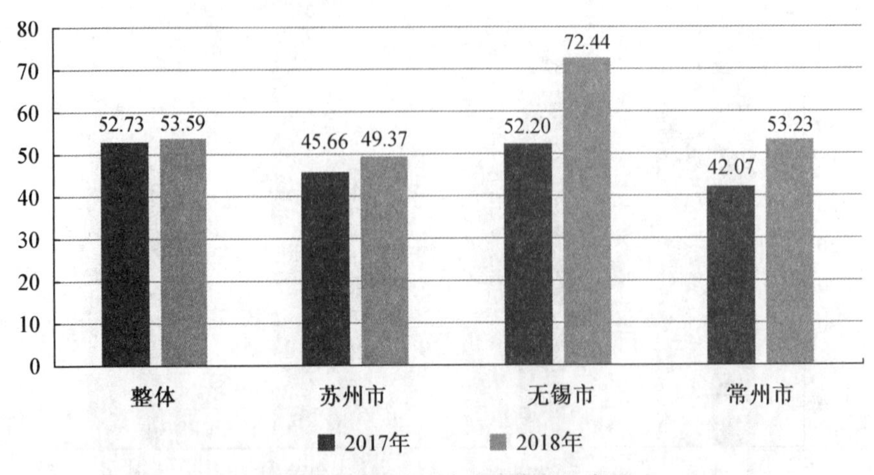

图 4－9　技术水平类均分变化示意图

Fig. 4－9　Schematic Diagram of Average Score Change of Technical Level

4.2.5.4　分地区绩效评估结果分析

1. 苏州市

对苏州市参评印染企业的绩效评估结果按各项指标进行分类统计，具体如下表 4－11 所示。

表 4－11　苏州市参评印染企业各项指标得分统计

Table 4－11　Statistics on the Scores of Various Indicators of Printing and Dyeing Enterprises Participating in the Evaluation in Suzhou

指标		2017 年均值	2018 年均值
浓度排放	COD 排放浓度按证排放情况	94.4	95.0
	氨氮排放浓度按证排放情况	95.0	94.9
	总磷排放浓度按证排放情况	94.5	94.7
	总氮排放浓度按证排放情况	94.3	94.2
总量排放	COD 排放总量按证排放情况	96.5	97.6
	氨氮排放总量按证排放情况	96.8	98.6
	总磷排放总量按证排放情况	94.9	97.0
	总氮排放总量按证排放情况	93.2	95.3

（续表）

指标		2017 年均值	2018 年均值
技术水平	单位工业总产值 COD 排放量	48.4	50.1
	单位工业总产值氨氮排放量	45.0	46.9
	单位工业总产值总磷排放量	48.3	47.9
	单位工业总产值总氮排放量	49.6	52.5

注：由于各指标总分不同，将各指标先转化为百分制后进行描述统计分析。

从表中可知，苏州市本次所评价的印染企业浓度排放和总量排放类指标得分平均分较高，均达到了 93 分以上，说明本次评价的企业对于达标排放都能严格地执行。

但也有主要失分项，在技术水平类指标，尤其是单位工业总产值氨氮排放量，2017、2018 年均值分别为 45.0 分、46.9 分，反映出苏州市评估的印染企业的单位工业总产值污染物排放量有待减少。

整体来看，苏州市本次评价企业的多数指标 2018 年得分均分较 2017 年相比，有所提升，但氨氮浓度排放和总氮浓度排放类指标得分有略微下降，说明苏州市这批印染企业在氮排放方面虽严格执行达标，但未进一步探索在达标基础上再降低浓度。

2. 无锡市

对无锡市参评印染企业的绩效评估结果按各项指标进行分类统计，具体如表 4－12 所示。

表 4－12　无锡市参评印染企业各项指标得分统计

Table 4－12　Statistics on the Scores of Various Indicators of Printing and Dyeing Enterprises Participating in the Evaluation in Wuxi

指标		2017 年均值	2018 年均值
浓度排放	COD 排放浓度按证排放情况	96.7	97.3
	氨氮排放浓度按证排放情况	99.2	97.9
	总磷排放浓度按证排放情况	97.8	97.8
	总氮排放浓度按证排放情况	98.8	98.5

（续表）

指标		2017 年均值	2018 年均值
总量排放	COD 排放总量按证排放情况	98.8	99.8
	氨氮排放总量按证排放情况	97.5	98.4
	总磷排放总量按证排放情况	95.4	98.3
	总氮排放总量按证排放情况	96.3	98.3
技术水平	单位工业总产值 COD 排放量	64.2	71.8
	单位工业总产值氨氮排放量	72.0	76.4
	单位工业总产值总磷排放量	68.4	73.7
	单位工业总产值总氮排放量	62.6	67.9

注：由于各指标总分不同，将各指标先转化为百分制后进行描述统计分析。

从表中可知，无锡市本次所评价的印染企业失分项与苏州市一样，主要在于技术水平类指标，但技术水平类指标得分明显高于苏州市的，且到 2018 年时多数已达到 67 分以上。

整体来看，无锡市本次所评价的企业的所有指标 2018 年得分均分较 2017 年相比，有所提升，并且浓度排放和总量排放类指标到 2018 年都达到 97 分以上，说明无锡市这批印染企业严格执行排污许可制度，并且在达标基础上不断提升水平。

3. 常州市

对常州市参评印染企业的绩效评估结果按各项指标进行分类统计，具体如表 4－13 所示。

表 4-13 常州市参评印染企业各项指标得分统计

Table 4-13 Statistics of Various Index Scores of Changzhou Participating Printing and Dyeing Enterprises

指标		2017 年均值	2018 年均值
浓度排放	COD 排放浓度按证排放情况	98.9	98.9
	氨氮排放浓度按证排放情况	99.5	99.5
	总磷排放浓度按证排放情况	98.5	99.1
	总氮排放浓度按证排放情况	100.0	100.0
总量排放	COD 排放总量按证排放情况	100.0	100.0
	氨氮排放总量按证排放情况	98.6	98.6
	总磷排放总量按证排放情况	98.8	99.0
	总氮排放总量按证排放情况	97.3	97.3
技术水平	单位工业总产值 COD 排放量	59.3	56.2
	单位工业总产值氨氮排放量	60.9	50.3
	单位工业总产值总磷排放量	55.6	52.6
	单位工业总产值总氮排放量	68.1	53.8

注:由于各指标总分不同,将各指标先转化为百分制后进行描述统计分析。

从表中可知,常州市本次所评价的印染企业失分项主要在于技术水平类指标,集中在 50—70 分。而浓度排放和总量排放指标得分较高,均达到了 97 分以上。

整体来看,常州市本次所评价的企业的所有指标 2018 年得分均值较 2017 年相比,有所提升,但技术水平类指标出现了明显下降的现象,说明在 2018 年常州市的印染企业对于单位工业总产值污染物排放方面没有加以重视。

4.3 本章小结

本章结合太湖流域社会经济和水环境管理的现实需求,采用指标评估法构建了兼顾实施过程与效果、集成定性与定量方法的排污许可制度绩效评估方法体系。

其中，针对排污单位的指标体系设置重点考虑生产活动对水环境的影响及排污许可证制度对排污单位技术水平、管理能力的影响，评估内容从浓度排放、总量排放、技术水平、环境管理四部分展开。另外具体说明了指标的含义以及量化方法，并对指标体系进行了权重的确定。针对太湖流域的实际情况，结合国家出台的相关管理文件、排污许可领域的专家咨询意见、相关历史研究或地方出台相关办法，制定了评分标准与评估结果等级划分。目前该绩效评估方法已应用到江苏省排污许可证管理智能化辅助系统中的绩效评估模块，辅助环境管理人员实施精细化监管。

依据519家参评印染企业2018年评估结果可知，良好等级企业数最多为287家，占比55.30%，从整体统计结果来看，江苏省太湖流域印染企业均分达到了74.94分，处于良好等级。说明江苏省太湖流域印染企业对排污许可证制度的执行度较好，浓度排放、总量排放、技术水平以及环境管理各个方面都在完成基本要求的基础上，更加严格自我约束。

从分类指标得分情况来看，太湖流域无论是整体层面还是各市，技术水平和环境管理类得分都劣于浓度排放和总量排放类。

浓度排放和总量排放类得分都高于90分。说明印染企业在取得排污许可证后的2018年，严格遵守排污许可证规定，控制污染物排放，且在此基础上尽量提升减排水平。这得益于以排污许可证制度为核心的固定污染源环境管理体系的构建，伴随着排污许可证的申领工作开始，新的《印染行业规范条件(2017版)》也形成印发，明确要求印染企业“依法办理排污许可证，并严格按证排放污染物”。并且于2018年最新修改的《江苏省太湖水污染防治条例》的实施，再次强调排污许可证的核心地位，第二十二条改为：“太湖流域实行排污许可管理制度。”同时更加严格了印染行业的准入要求，在最新修改的第四十六条中，明确太湖流域二、三级保护区内改建印染项目“应当符合国家产业政策和水环境综合治理要求，在实现国家和省减排目标的基础上，实施区域磷、氮等重点水污染物年排放总量减量替代”。印染企业在政策推动下，以可持续发展为目的，高度重视节能减排。

与浓度排放和总量排放类不同，技术水平和环境管理类的得分表现平平。技术水平类指标，即单位产值污染物排放量得分处在及格线周围波动的水平，从总量排放的得分可知，减排效果，那该结果就说明参评印染企业的清洁生产的技术还不够前沿。但客观来讲，还有其他影响因素，一方面是本身评分标准的划定比较严格，是以太湖流域印染行业自身水平为梯度划分的，另一方面是市场因素，国内的印染企业国内市场供过于求，国际市场面临着与东南亚等国家的价格竞争，双重压力下，2018 年纺织品价格严重下跌。环境管理类指标得分处于不及格这一档，说明参评印染企业在排污管理工作方面不够重视，企业的执行报告提交情况不佳，存在较严重的不按时提交的问题，即没有做到于下季度首月十五日前提交季度执行报告，于次年一月底前提交年度执行报告的时间要求，另外提交频次要求也未满足，部分企业仅上传部分季度执行报告，而未上传年度执行报告。

分地区来看，无锡市高于江苏省太湖流域平均水平，领先苏州市和常州市。参评的 81 家印染企业，优秀、良好等级率达到了九成以上，并且分类指标得分情况也优于其他地区。具体来看，无锡市在区分度较高的技术水平和环境管理类明显优于其他地区，客观分析，是因为无锡市印染企业较为聚集，且多为高端规模化的大型企业，无论是企业清洁生产的水平还是排污管理的水平都要优于分散的小型、微型企业。大型企业对于生态环境保护政策的执行度较高，也拥有配备专业环境管理人员的资金实力，可以及时有效地整好污染设施运行以及排污管理情况，但小型、微型企业多为家庭作坊式企业，资金投入有限，对生态环境保护的重视度不够，直接导致政策执行度不高。

第五章　江苏省太湖流域排污许可证制度减排效果检验

排污许可证制度作为固定污染源一证式管理的核心制度，是推动打好污染防治攻坚战的关键基础。该制度通过促进污染物产生、处理、排放的规范化管理，促进企业对自身污染物排放水平的重视，以达到污染物减排、实现环保控污的目的。

因此，本章将通过双重差分倾向得分匹配方法评估排污许可证制度对印染企业污染物的减排效果，以探寻排污许可证制度对企业污染物的减排效果是否产生积极作用并显著。

5.1　基本方法描述与模型构建

为了解决社会科学在评估某项政策的效果时难以用模拟实验的方法来开展这一问题，学者们选择使用多种计量经济学模型工具来评估政策的效果。本章运用的就是倾向得分匹配法和双重差模型相结合的方法。

倾向得分匹配法(Propensity Score Method)[115]于1983年由Rosenbaum和Rubin提出，其基本思想是：构建一个与处理组在未进行实验时的主要特征尽可能相似的控制组，根据两组样本匹配变量计算概率值，将概率值范围很接近的样本进行匹配。使得匹配后的两个样本组间仅在是否受到政策冲击有所不同，其他方面相同或十分相似。使得匹配后的控制组能够代替处理组进行受到政策冲击后不可观测到的没有受到政策冲击的情况，有效解决选择性偏差和所谓的“反事实”问题，由此能够真正观测到政策冲击与处理组样本之间的因果关系。

本文采用排污许可证主要设置限值的化学需氧量、氨氮、总氮、总磷四种污染物的排放强度，来判断排污许可证制度的减排效果。本章需要对比的是2017年底江苏省太湖流域取得排污许可证的印染企业与未取得排污许可证的印染企业的污染物排放强度变化情况，两者的差异就是排污许可证的获取对污染物排放强度的影响。

首先，将样本分为两组，江苏省太湖流域在2017年底取得排污许可证的印染企业为处理组，在2017年底未取得排污许可证的印染企业为控制组。然后，假定一个政策实施虚拟变量treat，treat＝1代表2017年底取得排污许可证的印染企业，treat＝0代表2017年底未取得排污许可证的印染企业。以氨氮排放强度为例，NH_3-H表示企业的氨氮排放强度，NH_3-H^1是指处理组企业的氨氮排放强度，NH_3-H^0是指控制组企业的氨氮排放强度。最后得到实施排污许可证制度的平均处理效应：

$$E(NH_3\text{-}N^1-NH_3\text{-}N^0\mid treat=1)=$$

$$E(NH_3-N^1\mid treat=1)-E(NH_3-N^0\mid treat=1) \qquad (13)$$

其中，$E(NH_3\text{-}N^0\mid treat=1)$是指处理组样本在2017年底未取得排污许可证的氨氮排放强度，这是不可观测到的值。在控制企业部分变量X的基础上，得到公式：

$$P(X)=Pr(treat=1\mid X)=\varphi(treat=1\mid X) \qquad (14)$$

其中，$P(X)$是取得排污许可证的概率，$\varphi(treat=1\mid X)$是一个正态累积分布函数，X为匹配变量。

双重差分方法（Difference-in-Difference，DID）又叫倍差法，在1985年普林斯顿大学的Ashenfelter和Card的一篇关于项目评价的论文[116]中被首次使用，现在已在生态环境保护领域被众多学者应用[117-121]。双重差分方法基于自然试验得到的数据，通过比较政策实施前后不同群体的趋势变化来判断政策效果[122]，能够有效控制研究对象间的事前差异，有效地避免内生性问题以及企业异质性对研究对象的影响，并能够控制政策与其效果之间的内生关联，将政策影响的真正结果分离出来[123]，有效识别出政策净效应。

本方法需要定义两个虚拟变量，除了前文中运用 PSM 假定的政策实施虚拟变量 treat，再定义时间虚拟变量 time，time＝1 为排污许可证制度实施之后，考虑到印染企业发证集中在 2017 年 11 月、12 月，在 2017 年政策效果无法体现，即选取 2018 年及其以后年份作为实施之后，time＝0 为排污许可证制度实施之前。虚拟变量 treat 和虚拟变量 time 的交互项就是所要的估计量，因此得到双重差分模型：

$$Y_{it}=\beta_0+\beta_1 treat+\beta_2 time+\beta_3 treat*time+\alpha X_{it}+\varepsilon_{it} \quad (15)$$

其中，Y_{it} 是印染企业 i 在第 t 年的政策效果，即污染物排放强度，X_{it} 表示其他控制变量，ε_{it} 为随机误差项，β_3 是两个虚拟变量的交叉项系数，即所谓的双重差分估计量对印染企业污染物排放强度的净影响。

用处理组在取得排污许可证前后污染物排放强度的差异值减去控制组在取证前后的差异值，就得到排污许可证制度的实施对相应发证印染企业的污染物排放强度的净影响 β_3，这就是利用 DID 模型估计的重点，即所谓的“双重差分”值。如果 β_3 的值为负数，则说明实施排污许可证制度能够有效减弱印染企业污染物排放强度，如果 β_3 的值为正数，则说明实施排污许可证制度并未能够有效减弱印染企业污染物排放强度。双重差分模型，即本实证公式(15)中主要参数的含义如表 5－1 所示。

表 5－1　双重差分模型中主要参数的含义

Table 5－1　Meaning of Main Parameters in Difference-in-Difference Model

	排污许可证前	排污许可证后	差异
取得排污许可证的印染企业（处理组，treat＝1）	$\beta_0+\beta_1$	$\beta_0+\beta_1+\beta_2+\beta_3$	$\beta_2+\beta_3$
未取得排污许可证的印染企业（控制组，treat＝0）	β_0	$\beta_0+\beta_2$	β_2
DID			β_3

5.2　变量选取与研究数据

5.2.1　变量选取

本研究利用 PSM-DID 方法构建了公式(15)的模型，选取污染物排放强度作为被解释变量，解释变量为印染企业是否取得排污许可证的虚拟变量 treat、实施政策前后的时间虚拟变量 time 以及衡量排污许可证制度效果的两个虚拟变量的交叉项系数 β_3，通过对 β_3 的系数符号和显著性判断，能得到排污许可证制度的实施对印染企业污染物排放强度的影响。

另外选取了其他会影响印染企业污染物排放强度的因素来控制印染企业的异质性，包括：企业规模、企业类型、企业年份数、企业发展程度、企业排污水平等控制变量来确保结果的准确性。具体变量的定义如表 5－2 所示：

1. 被解释变量

以污染物排放强度作为本文的被解释变量，由印染企业的污染物排放量与其工业总产值之比得到。

2. 解释变量

a. 政策实施虚拟变量(treat)：treat＝1 代表江苏省太湖流域 2017 年底取得排污许可证的印染企业，treat＝0 代表江苏省太湖流域 2017 年底未取得排污许可证的印染企业。其中，2017 年底未取得排污许可证的印染企业少数于 2018 年 9 月取得排污许可制，多数于 2018 年 12 月取得排污许可证。

b. 时间虚拟变量(time)：time＝1 为排污许可证制度实施之后，考虑到印染企业发证集中在 2017 年 11 月、12 月，在 2017 年政策效果无法体现，即选取 2018 年及其以后年份作为实施之后，time＝0 为排污许可证制度实施之前，即 2018 年以前。

3. 控制变量

a. 企业规模(scale):scale=1 为大型企业,scale=2 为中型企业,scale=3 为小型企业,scale=4 为微型企业。市场经济体制下,不同规模的企业对于生态环境保护的意识、政策落实程度、社会责任的承担是不同的,直接影响企业的排污选择。

b. 企业类型(type):根据企业登记注册类型将其分为内资企业、外资企业和港澳台资企业,type=1 为内资企业,type=2 为外资企业,type=3 为港澳台资企业。外资企业在技术、环保意识、管理方面比内资企业较为先进,进而在当地从事更为清洁的生产[124],对于政策执行带来的排污量的减少程度存在影响。

c. 企业年份数(age):企业的年份数也会影响企业对排污许可证制度执行的效果。年份越久的企业资本积累越多,目光越长远,更乐意积极响应环保政策。

d. 企业发展程度(gro):企业工业总产值是衡量一个企业发展程度的关键性指标,发展程度越高的企业对于生态环境保护的重视度越高,对于相关政策的执行力越强,关乎其排污选择。

e. 企业排污水平(dwpf):企业由于各自排污水平的差异,对于减排的重视程度也不相同,本研究选取企业单位工业总产值的工业废水排放量来衡量各企业的排污水平。

f. 企业废水治理投入(pcost):以该企业废水治理设施运行费用来衡量对废水治理的投入,投入程度直接影响企业政策的接受和执行程度,对其排污情况会产生影响。

g. 企业生产时间(ptime):企业一年内的利润产生、污染排放、运作管理都与企业生产时间密切相关。企业生产时间越多,产生的污染物就越多,企业在减排方面的投入也就相应增加,无论是人力成本还是经济成本,因此选用该指标。

表 5-2　变量定义描述

Table 5-2　Variable Definition Description

变量名	变量含义	数据来源
cod	化学需氧量排放强度(千克/万元)	《江苏省环境统计数据》
nh3n	氨氮排放强度(千克/万元)	《江苏省环境统计数据》
tn	总氮排放强度(千克/万元)	《江苏省环境统计数据》
tp	总磷排放强度(千克/万元)	《江苏省环境统计数据》
treat	政策实施虚拟变量	全国排污许可证管理信息平台
time	时间虚拟变量	全国排污许可证管理信息平台
scale	企业规模	《江苏省环境统计数据》
type	企业类型	《江苏省环境统计数据》
age	企业年份数	《江苏省环境统计数据》
gro	企业发展程度(工业总产值)	《江苏省环境统计数据》
dwpf	企业排污水平 (工业废水排放量/工业总产值)	《江苏省环境统计数据》
pcost	企业废水治理投入 (废水治理设施运行费用)	《江苏省环境统计数据》
ptime	企业生产时间 (企业年度生产总时长)	《江苏省环境统计数据》

5.2.2　数据来源与描述性统计

本研究使用的企业数据包括 2017 年底已发证印染企业和未发证印染企业数据。据全国排污许可证管理信息平台数据，2017 年底获得排污许可证的印染企业共计 626 家，未取得排污许可证的印染企业，通过环统数据进行匹配筛选，共计 834 家。考虑到数据的可获取性以及有效性，本章选用的处理组为 519 家获得排污许可证的印染企业，控制组为 808 家未取得排污许可证的印染企业。

具体来看，数据时间跨度从 2015 年至 2018 年，污染物数据涉及企业的废水排放总量、化学需氧量排放量、氨氮排放量、总氮排放量、总磷排放量，同时还使用了企业活动数据，工业总产值、企业规模、企业类型、水污染治理费用等。数据来源于 2015 年到 2018 年的《江苏省环境统计数据》，数据类型为年度数据。具体来源见表 5 - 2。

根据数据收集结果，对各变量进行描述性统计，如表 5 - 3 所示。

表 5 - 3　变量的描述性统计

Table 5 - 3　Descriptive Statistics of Variables

变量名	平均值	标准差	最小值	最大值
cod	5.13	9.93	0.00	70.00
nh3n	0.27	0.37	0.00	2.30
tn	0.77	0.98	0.00	6.22
tp	0.03	0.05	0.00	0.33
scale	2.85	0.51	1.00	4.00
type	1.17	0.50	1.00	3.00
age	16.75	7.48	0.00	78.00
gro	8.30	1.37	0.00	14.86
dwpf	69.50	86.13	0.00	582.64
pcost	113.77	337.14	0.00	16 200.00
ptime	5 691.12	2 187.03	0.00	8 500.00

5.3　实证计量分析

5.3.1　倾向得分匹配

本研究通过 Stata 软件采用近邻匹配法，进行卡尺距离为 0.5 的 1∶1 的近邻匹配，选用了 2017 年的数据为处理组找到对应匹配的控制组。以企业规模、企业类型、企业发展程度、企业排污水平和企业生产时间作为解释变量，计算倾向性匹配得分。最终结果显示，在全部 1 327 个样本中，控制组和处理组分别有 0 和 2 个在共同取值范围外，其余 1 325 个都匹配，倾向得分匹配仅损失少数样本。并且由图 5－1 可明显看出，解释变量的标准化偏差在匹配后明显减小。

表 5－4　倾向得分匹配结果

Table 5－4　The Propensity Score Matching The Results

分类	取值范围外	取值范围内	合计
控制组	0	808	808
处理组	2	517	519
合计	2	1 325	1 327

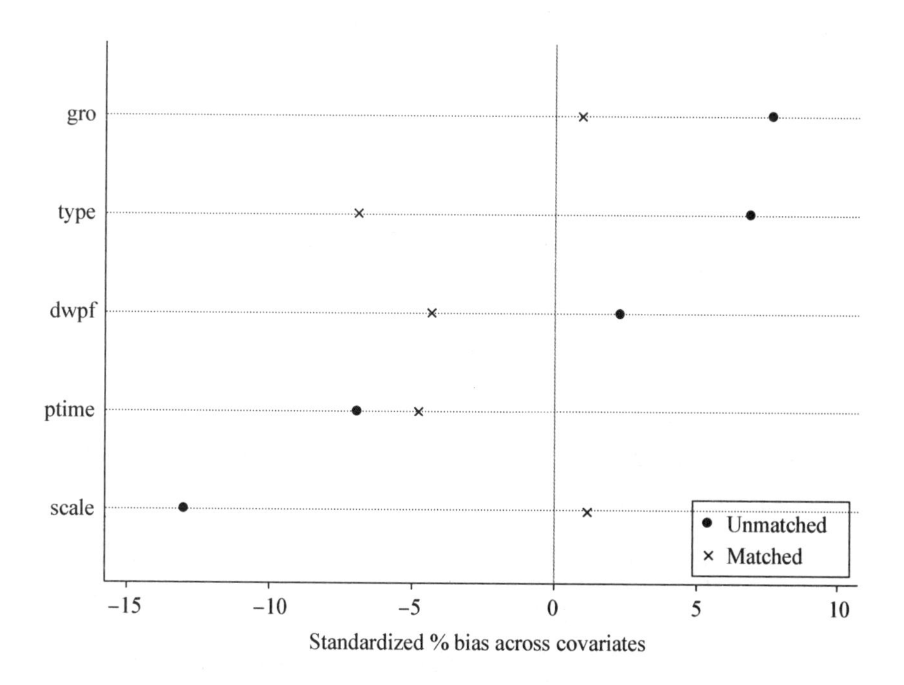

图 5－1　匹配前后标准化偏差变化

Fig. 5－1　Change in Standard Deviation Before and After Matching

得到匹配结果后，为保证结果的准确，进一步对匹配结果进行平衡性检验，结果如表 5－5 所示。由匹配前后对比可以看出，多数变量的标准误有所减小，且所有匹配后的标准误都在 10%以下，说明本研究选用 1∶1 的近邻匹配的结果是比较理想的。

表 5－5　倾向得分匹配结果平衡性检验

Table 5－5　Balance Test of PSM

变量名	匹配	处理组	控制组	标准误	t 值	$P>\|t\|$
scale	匹配前	2.811 5	2.878 7	−13.0	−2.35	0.019
	匹配后	2.815	2.815	0.00	0.00	1.000
type	匹配前	1.184 6	1.149 8	6.9	1.24	0.215
	匹配后	1.185	1.21	−5.0	−0.73	0.463
gro	匹配前	18 006	8.255 8	13.4	2.37	0.018
	匹配后	8.427 1	8.405 5	1.6	0.25	0.801
dwpf	匹配前	67.941	65.843	2.3	0.42	0.676
	匹配后	68.071	66.567	1.7	0.26	0.794
ptime	匹配前	5 788.3	5 935.3	−6.9	−1.22	0.221
	匹配后	5 784.2	5 738.9	2.1	0.33	0.738

5.3.2　双重差分回归

基于倾向得分匹配结果，采用双重差分模型，对太湖流域印染企业污染物排放强度进行了回归分析。

首先在基本模型中，选用氨氮排放强度作为被解释变量，逐步加入控制变量，结果如表 5－6 所示。模型 1 没有加入其他控制变量，固定了地区和行业效应，结果表明交叉项系数 β_3 为负，即在没有其他因素的影响下，排污许可证制度的实施对氨氮排放强度的削减是有效的。随着模型 2～5 对控制变量的逐步增加，交叉项系数 β_3 始终为负，但同时不显著。此回归结果表明，江苏省太湖流域排污许可证制度的实施的确有助于削减氨氮排放强度，但政策效果不显著。

从控制变量来看，企业排污水平(dwpf)、企业废水治理投入(pcost)、企业生产时间(ptime)和企业发展程度(gro)的系数在1%的水平上显著，对企业减排的影响较为显著。

表5-6　2015—2018年太湖流域印染企业氨氮排放强度DID回归结果

Table 5-6　DID Regression Results of Ammonia Nitrogen Emission Intensity of Printing and Dyeing Enterprises in Taihu Lake Bain from 2015 to 2018

变量名	模型1	模型2	模型3	模型4	模型5
treat * time	−0.017 (0.06)	−0.019 (0.04)	−0.02 (0.04)	−0.02 (0.04)	−0.02 (0.04)
treat	0.020 (0.04)	−0.020 (0.02)	−0.019 (0.02)	−0.021 (0.02)	−0.021 (0.02)
time	−0.104*** (0.05)	−0.020 (0.03)	−0.019 (0.03)	−0.016 (0.03)	−0.016 (0.03)
dwpf		0.004*** (0.00)	0.004*** (0.00)	0.004*** (0.00)	0.004*** (0.00)
pcost		−0.000*** (0.00)	−0.000*** (0.00)	−0.000*** (0.00)	−0.000*** (0.00)
ptime			−0.000*** (0.00)	−0.000*** (0.00)	−0.000*** (0.00)
age				−0.0001 (0.00)	−0.0001 (0.00)
gro				0.000*** (0.00)	0.000*** (0.00)
scale					0.013 (0.02)
type					−0.008 (0.02)
地区固定效应	是	是	是	是	是
行业固定效应	是	是	是	是	是
R^2	0.047	0.543	0.617	0.618	0.618

注：括号内为标准误差，*、**、***分别表示10%、5%、1%水平上显著。

而后，更换被解释变量，使用不同污染物排放强度数据作为被解释变量对 2015 至 2018 年的排污许可证制度减排效果进行 DID 回归分析，结果如表 5－7 所示。化学需氧量排放强度的系数在 1%的显著性水平上正向显著，回归系数为 1.840，说明排污许可证的获取，并没有在 2018 年为印染企业带来化学需氧量排放强度的削减效果；总氮排放强度的系数为 0.034，同样说明印染企业总氮排放强度并未削减；总磷排放强度的系数为负，但并不显著，说明排污许可证的获取使得印染企业总磷排放强度轻微削减，但效果并不显著。从控制变量来看，企业排污水平、企业废水治理投入、企业生产时间、企业发展程度和规模对企业减排的影响较为显著。

整体来看，江苏省太湖流域 2017 年底第一批获取排污许可证的印染企业，在领证后的 2018 年，化学需氧量、总氮的排放强度并未因此而削减，氨氮和总磷的排放强度轻微削减。

表 5－7　2015—2018 年太湖流域印染企业污染物排放强度 DID 回归结果

Table 5－7　DID Regression Results of Pollutant Discharge Intensity of Printing and Dyeing Enterprises in Taihu Lake Bain from 2015 to 2018

变量名	模型 5 （氨氮）	模型 6 （化学需氧量）	模型 7 （总氮）	模型 8 （总磷）
treat * time	－0.02 (0.04)	1.840*** (0.70)	0.034 (0.07)	－0.002 (0.00)
treat	－0.021 (0.02)	－1.658*** (0.40)	－0.060 (0.04)	－0.001 (0.00)
time	－0.016 (0.03)	－3.026*** (0.55)	－0.117*** (0.06)	－0.007*** (0.00)
dwpf	0.004*** (0.00)	0.025*** (0.00)	0.004*** (0.00)	0.000*** (0.00)
pcost	－0.000*** (0.00)	0.003*** (0.00)	－0.000 (0.00)	－0.000*** (0.00)
ptime	－0.000*** (0.00)	－0.000*** (0.00)	－0.000*** (0.00)	－0.000*** (0.00)

(续表)

变量名	模型 5（氨氮）	模型 6（化学需氧量）	模型 7（总氮）	模型 8（总磷）
age	−0.000 1 (0.00)	−0.019 (0.02)	−0.003 (0.00)	−0.000 (0.00)
gro	0.000*** (0.00)	0.000 (0.00)	0.000*** (0.00)	−0.000*** (0.00)
scale	0.013 (0.02)	−0.276 (0.33)	0.066* (0.03)	0.003* (0.00)
type	−0.008 (0.02)	−0.269 (0.28)	−0.027 (0.03)	−0.001 (0.00)
地区固定效应	是	是	是	是
行业固定效应	是	是	是	是
R^2	0.618	0.377	0.699	0.409

注：括号内为标准误差，*、**、*** 分别表示 10%、5%、1%水平上显著。

考虑到对上一步基本的回归结果的稳健性进行检验，本研究采用子样本回归检验。将企业按其所在地级市进行划分，即对苏州市、无锡市、常州市的印染企业分别加入所有控制变量，以氨氮排放强度为被解释变量进行回归分析。该方法不仅对稳健性进行了检验，还区分了排污许可证制度在各地区实施的区域差异性。

回归结果如表 5－8 所示，表中的模型 9、模型 10、模型 11 分别对应苏州市、无锡市和常州市。根据交叉项系数 β_3 显示，苏州地区的印染企业在获取排污许可证之后，氨氮排放强度无明显变化，而无锡市和常州市与全样本回归结果相同，β_3 为负，但同时并不显著。各控制变量的正负效应情况也不存在明显变化，整体来说，太湖流域各地区与流域整体水平相当，不存在明显的地区差异性，同时说明基本的回归结果具有稳健性。

表 5-8 分地区子样本回归结果

Table 5-8 Regression Results of Subsamples by Region

变量名	模型 1	模型 5 （全）	模型 9 （苏州）	模型 10 （无锡）	模型 11 （常州）
treat * time	−0.017 (0.06)	−0.02 (0.04)	0.000 (0.00)	−0.016 (0.05)	−0.02 (0.04)
treat	0.020 (0.04)	−0.021 (0.02)	−0.058*** (0.02)	−0.022 (0.02)	−0.021 (0.02)
time	−0.104*** (0.05)	−0.016 (0.03)	0.000 (0.00)	−0.008 (0.04)	−0.016 (0.03)
dwpf		0.004*** (0.00)	0.003*** (0.00)	0.004*** (0.00)	0.004*** (0.00)
pcost		−0.000*** (0.00)	−0.000*** (0.00)	−0.000*** (0.00)	−0.000*** (0.00)
ptime		−0.000*** (0.00)	−0.000*** (0.00)	−0.000*** (0.00)	−0.000*** (0.00)
age		−0.0001 (0.00)	−0.002 (0.00)	−0.002 (0.00)	−0.001 (0.00)
gro		0.000*** (0.00)	0.000 (0.00)	0.000 (0.00)	0.000*** (0.00)
scale		0.013 (0.02)	0.026 (0.02)	0.000 (0.02)	0.013 (0.02)
type		−0.008 (0.02)	−0.006 (0.02)	−0.009 (0.02)	−0.008 (0.02)
地区固定效应	是	是	是	是	是
行业固定效应	是	是	是	是	是
R^2	0.047	0.618	0.377	0.590	0.618

注：括号内为标准误差，*、**、*** 分别表示 10%、5%、1%水平上显著。

5.4　结果分析

针对回归结果进行具体分析：

(1) 存在部分因素对太湖流域印染企业污染物减排效果影响显著

① 企业排污水平系数始终为正，且在1%的水平上显著，这意味着各个企业的排污水平高低对于污染物排放强度的变化存在明显的影响。

② 企业废水治理投入的系数除了化学需氧量之外，其余污染物的系数都在1%的水平上显著为负，表明企业对于废水治理设施运行费用的增加，能有效降低污染物的排放强度。

③ 企业生产时间的系数也始终为负，且在1%的水平上显著，企业一年内的利润产生、污染排放、运作管理都与企业生产时间密切相关，企业生产时间越多，企业的效益越高，产生的污染物就越多，企业要在减排方面投入的人力成本和经济成本也就相应增加，污染物的排放强度也随之降低。

(2) 第一批排污许可证的发放对太湖流域印染企业污染物减排效果一般

整体来看，江苏省太湖流域2017年底第一批获取排污许可证的印染企业，在领证后的2018年，化学需氧量、总氮的排放强度并未因此而削减，氨氮和总磷的排放强度轻微削减。此次新版排污许可证的发放，就2018年的印染企业排污情况来看，并未达到预期的减排效果，客观分析其原因如下。

① 排放限值核算过于宽松，企业缺乏减排压力。正如定性分析中所说，排污许可证制度没有建立统一的核算制度，目前采用的排污许可总量核定方法是依据行业排放标准或环境影响评价审批等要求进行核算的，这种污染物许可排放量分配方法科学性不强，且没有跟环境质量和最佳可行技术真正挂钩。并且由于企业行业排放标准和环评审批结果都是企业一直所执行的限值标准，排污许可采用同样排放限值，对企业来说过于宽松，缺乏减排压力。

② 多年的排污许可证制度探索，使得企业减排空间被压缩。江苏省是全国最早开展排污许可制度探索的省份之一，早在20世纪80年代中后期，就被列为国内试行省份之一[125]，发展至“十二五”末期，江苏省生态环境厅于2015年10月10日发布关于印发《江苏省排污许可证发放管理办法(试行)》(苏环规〔2015〕2号)的通知中就提到，积极响应新《环境保护法》的要求。在新版排污许可证发放之前，江苏省已经对排污单位进行旧版发证和管理，分A、B、C三类，印染企业属于污染源对环境影响较大的A类，该阶段通过对污染物排放浓度和总量的限制，企业的污染物减排工作已经取得了一定成果，再到2017年底获得新版排污许可证，此时的政策冲击效果已被前期压缩。

③ 太湖流域工业污染源经过多轮整改，现存企业污染控制水平已经处在一定的高度。针对太湖流域，江苏省早在1996年就出台了《江苏省太湖水污染防治条例》，至今进行了四次修订，针对工业污染源进行整改，发展高技术、高效益、低消耗、低污染的产业。因此，目前留在太湖流域的印染企业，已经经受过多轮整改、搬迁、关闭、淘汰，其污染控制水平已经处在一定的高度，新核定的污染物排放限值对他们来说，并不存在太大压力，污染物减排动力有限。

④ 由于发证压力，存在一定的“重发放、轻管理”问题。在2018年，太湖流域的排污许可证还未在全行业核发完成，由于环保力量不足、监管主体意识不坚定，执法人员少，执法事项多，存在一定的“重发放、轻管理”问题。排污许可证发放后续监管工作不到位，监管较为薄弱，并且对于取证后违规行为的惩罚措施不够严厉，政策权威性不足。这也是导致企业的主体责任意识薄弱的原因之一，企业缺乏主体责任意识，对排污许可管理方面的工作也随之松懈。

⑤ 由于数据获取限制，本次评估时间仅到2018年，政策实施时间较短。排污许可证制度改革在2016年末启动，2017年底第一批发证，发展至2018年，政策实施时间较短，政策减排效果并未完全发挥，后续政策实施时间更长、时间跨度更大时政策作用方得到更好显现。

5.5　本章小结

为解决选择性偏差和所谓的“反事实”问题，本章采用 PSM-DID 的方法构建了计量模型，检验了排污许可证制度对于企业的减排效应。选用排污许可证主要设置限值的化学需氧量、氨氮、总氮、总磷四种污染物的排放强度作为被解释变量来判断排污许可证制度的减排效果，最后采用子样本回归的方法对稳健性进行了检验。

结果表明，江苏省太湖流域 2017 年底第一批获取排污许可证的印染企业，在领证后的 2018 年，化学需氧量、总氮的排放强度并未因排污许可证制度的执行而削减，氨氮和总磷的排放强度受排污许可证制度影响轻微削减。此次新版排污许可证的发放，就 2018 年的印染企业排污情况来看，并未达到预期的政策效果。究其原因，主要是：排放限值核算过于宽松，企业缺乏减排压力；多年的排污许可证制度探索，使得企业减排空间被压缩；太湖流域工业污染源经过多轮整改，现存企业污染控制水平已经处在一定的高度；由于发证压力，存在一定的“重发放、轻管理”问题；新的排污许可证发放至 2018 年，实施时间较短。

第六章　现行排污许可制度问题诊断

综合本篇前三章对排污许可证制度的定性分析、绩效评估和减排效果检验的结果可知：目前，太湖流域印染企业排污许可绩效评估结果多数处于优秀和良好等级，但环境管理方面还有很大的提升空间，从政策减排效果检验的结果来看，排污许可证的发放对企业污染物减排效果一般，并不显著。说明太湖流域印染企业对排污许可证制度要求的污染物排放限制执行度较高，除极个别企业，都做到了达标排放，但是在压力较小的排放限值下，企业的减排意愿薄弱，政策实施对减排并未带来显著成效。

虽然江苏省各级政府和生态环境主管部门对于排污许可证制度在江苏的执行做出了巨大贡献，但目前在排污许可证制度的具体实施中还存在诸多问题，这些问题在全国排污许可证的执行过程中也需要得到重点关注。

本章结合国内外学者的研究以及对江苏省太湖流域现行排污许可制度的实施情况的分析研究，根据文本分析法、内容分析法等定性分析方法，对我国排污许可证证前、证中、证后实施过程中存在的问题进行初步诊断。这些问题主要包括证前顶层设计优化不足、核算制度建立不完备，证中专职管理人员不足、主体权责不清、政府发证尺度不一，证后企业主体责任意识薄弱、主管部门监管力度不够等。具体问题分析如下。

6.1 排污许可制度证前存在的问题

排污许可制度证前存在的问题主要体现在制度的设计方面，太湖流域现行排污许可制度设计思路是“自上而下”的政府宏观环境管理与“自下而上”以流域、行业企业为主的环境质量、环境容量和行业污染物排放限值的污染物排放管控措施相结合[126]，参照环境质量、容量总量控制等目标要求确定污染物排污许可量，形成政府、企业、公众共同治理的流域环境治理体系[127]。但由于排污企业及环境管理体系的复杂性，现行的排污许可制度在法律制度完善衔接程度、发放范围覆盖、配套技术规则等方面仍然需要改进。

6.1.1 法律制度衔接问题

为实施排污许可制度，国务院办公厅、生态环境部先后制定了《控制污染物排放许可制实施方案》、《排污许可证管理暂行规定》、《排污许可管理办法（试行）》、《排污许可管理条例》和《关于加强排污许可执法监管的指导意见》等法律文件，并在《水污染防治法》、《大气污染防治法》、《固体废物污染环境防治法》中规定了违反排污许可规定的法律责任及处罚方式。但这些法律文件之间存在制度衔接问题。例如《排污许可管理条例》为国务院颁布的行政法规，而《排污许可管理办法（试行）》是生态环境部颁布的部门规章，两者在排污许可证颁发条件、自行监测规定、排污许可证有效期等方面存在衔接问题，例如《排污许可管理条例》明确规定“排污许可证有效期为 5 年”，而《排污许可管理办法（试行）》则规定，首次发放的排污许可证有效期为三年，延续换发的排污许可证有效期为五年[128]。另外，《排污许可管理条例》第三十三条规定“无证排污”由生态环境主管部门处 20 万元以上 100 万元以下的罚款，与《大气污染防治法》和《水污染防治法》中针对“无证排污”作出“罚款数额为10万元以上100万元以下”的处罚规定相冲突。

6.1.2 未能全覆盖环境管理领域

为落实环保专项法要求,《排污许可管理条例》规定依法实施排污许可,将水、大气、土壤和固体废物等污染要素纳入许可管理范围,并逐步通过修订法律文件将噪声等污染要素全部纳入管理,最终实现所有环境要素的全覆盖。但是,目前排污许可“一证式”管理尚未实现环境管理要素全覆盖,从排放因子角度上看,对水环境污染物和大气环境污染物做了规定,而对土壤、工业固体废物管理要求不够充分;噪声污染物、海洋污染物尚未纳入排污许可管理;将温室气体管理纳入排污许可协同管理的法律依据不足、路径不清[129],且受限于污染物排放核算技术规范,部分污染物如重金属无法纳入排污许可管理。

6.1.3 排污许可量核定方法不够严谨

现行的《排污许可证申请与核发技术规范总则》(HJ942—2018)中排污许可量的核定方法要求相对宽松,满足了全国普适性的需要,但各地区、各行业存在一定差异,导致其核定方法无法满足太湖流域排污管理的需求,主要体现在三个方面:一是在未确定区域层面水环境质量所能承载的排污许可量的前提下,直接开展排污许可证核发,将会出现企业许可排放量总和远高于区域水环境所能承载的最大许可排放量;二是企业的产业技术、污染防治技术与其污染物排放息息相关,而现行的排污许可量的核定并未考虑到企业的先进产业技术和污染防治技术;三是太湖流域开发强度高、产业密度大,污染物排放总量超过环境容量的基本状况短期内尚未得到根本改变,目前基于排放标准的许可量核定方法不够严格,无法满足太湖流域水环境管理目标。

6.1.4　缺乏配套技术规则

排污许可依证监管工作技术难度大、管理范围宽、信息繁多复杂，然而目前对排污许可证的监管尚缺乏系统的操作性指导，缺乏系统配套的管理和技术支撑，依证监管工作难以得到有效落实。一是缺少管理规制，依证监管执法的内容、方式、流程都亟待规范统一。二是缺少对重点行业依证监管的技术指导。不同行业排污许可监管要点差异大，在依证监管力量薄弱、经验缺乏、行业繁多、专业性强等现实条件下，急需制定完善操作性强的技术指导[130]。

6.1.5　对于申请人权利侵害救济等方面立法供给不足

排污权是指权利人依法享有对基于环境容量进行使用、收益的权利。排污权是人类生产活动的最基本的权利需求，也是从事生产经营活动的行为人不可或缺的一项自然权利[131]。然而，当前我国排污许可证立法环境管制具有威慑性，即站在管制者角度，为达到尽快实现排污许可效果的目标，强调排污许可证的行政管制，在此过程中可能一定程度上忽视了被监管者在申领和执行排污许可证过程中对自身正当权益的救济性立法[132]。这种立法像一柄“双刃剑”一样，一方面的确可以起到“立竿见影”的法律实施效果，对违法者形成震慑，从而制止违法排污的发生，但在另一方面，威慑型环境法成本高、对抗性强。被监管者可能会利用信息不对称逃避监管，或寻租权力，不仅导致威慑型法律的监管成本太高，还可能造成监管失灵的现象[133]。

6.2 排污许可制度证中存在的问题

6.2.1 缺少专职管理人员

由于行政资源不足，部分地区排污许可管理未成为污染源管理的核心环节，既没有针对排污许可制度成立专门的管理部门，也没有专职工作人员来管理，制度的执行穿插在其他部门的已有工作中进行，工作效率受到了极大影响，一证式[134]管理理念需要加强。

6.2.2 各主体权责不清

环保部门本应起到对企业排污行为监管、判断企业排污行为是否符合标准的作用，但是一些环保部门却对固定污染源排放行为全管全控，不断扩大监管范围、增加监管频次、提升监管要求。企业的环境行为没有得到提升，公众质疑环境改善的效果时，环保部门被迫承担了企业的排污、治污责任。企业主体责任意识有待加强，需要加强建立企业“自我管制”机制，落实企业环保责任，强化许可证监管。目前我国排污许可管理仍以政府部门对企业的监督管理为主，而对企业的责任义务模糊，未完全实现企业污染物排放精细化管控，导致企业主体责任落实不到位。政府作为排污许可证核发和管理的主体，环保部门为排污许可证日常监督管理工作的主体，企业为排污许可证执行的主体。各方应明确排污许可制度的权利和责任，以合理设置监督管理和违法处罚权利为基础，构建“以企业为排污许可制度责任主体”的环境管理体系。

6.3 排污许可制度证后存在的问题

6.3.1 部分地区重发放、轻管理

由于环保力量不足、监管主体意识不坚定，部分地区出现了重发放、轻管理或者只发不管的现象。具体表现为：一些地区基层环保力量不足，执法人员少，执法事项多，后续监管工作不到位，环境执法队伍专业化水平和能力技术低于排污许可精细化管理需求，导致对排污许可证发证后的监管较为薄弱，出现只发不管、重发证轻监管[135]的现象，直接影响就是损害了排污许可证权威性，无法起到排污许可制度应有的作用。分析原因是排污许可"一证式"改革之后，生态环境部门在监管上迎来更多挑战。一方面，监管范围相较以前更广。随着排污许可改革的持续推进，排污许可证的核发范围由重点行业及产能过剩行业企业逐步扩展至全部的固定污染源，这就意味着生态环境部门的发证审核压力增大，发证后的事中事后监管压力也越来越大。另一方面，监管要求较以前更高。改革后的排污许可制度技术含量非常高，排污许可所涵盖的污染物种类繁多，许可证所记载的许可要求和技术内容更为复杂细致，这对基层生态环境部门的监管能力提出了更高的要求[89]。

6.3.2 证后监管缺少监测数据支持

有效数据可以作为排污单位是否超浓度、超总量排污的执法依据。但是目前对企业排污量进行连续性监测还无法实现，在线监控也没有得到全面覆盖。在全国排污许可证管理信息平台上公开的企业监测数据部分是由排污单位自行监测的，大量中、小企业依靠现场采样进行监测，效率较低且

时效性差。同时,企业自行监测数据审核技术缺失,无法校验企业提供的排污数据,落实企业自证守法的主体责任。目前监测数据的质量和准确性难以得到保证,作为直接的执法依据,给证后监管工作增加了难度。

6.3.3 公众参与不深入

现行排污许可制度信息公开渠道有待完善、公众参与程度有待加强。排污许可制度的建立完善与公众环境权益息息相关,公众直接参与到排污许可制度制定、管理及监督中是公众实现其环境权的重要方式,现在的全国排污许可证管理信息平台公开端便于公众了解排污许可情况,平台上公开了企业排污信息,但很多企业的信息公开表中自行监测信息空白未填,且排污许可信息平台未实现排污单位数据的一体化管理,导致信息公开度较低,影响了公众在排污许可制度中的参与度。另外,排污许可证所载信息量大、专业性强,一般公众难以具备识别企业是否持证按证排污的能力,环保组织虽具备一定的技术力量,但是由于缺乏具体机制、详细规制和宣传引导,公众参与排污许可监督的作用常常未能完全发挥[130]。

美国是世界范围内排污许可制度实施较为完善的国家,将公众参与视为实施排污许可制度的重要一环。而我国排污许可制度的实施情况,公众参与的广度与深度都远不及美国,还需加大信息公开制度的实施力度、落实公众环境信息知情权,进一步扩大公众监督的渠道。

6.4 与其他制度衔接融合方面的问题

6.4.1 机制联动不足、顶层设计亟需优化

排污许可制度一方面要和环境准入阶段的环评、"三同时"、总量控制制

度相衔接，另一方面又要和监管阶段的环境监测、环境统计、环境监察、环境税制度相衔接，目前与准入阶段的衔接已有相关文件出台，但制度间仍未建立起有效的衔接关系。排污许可制度涉及多个领域和部门，多种环境保护管理制度相互干扰、各自为主的背景下，各地对排污许可制度的执行又有一套自己的方案，没有严格而明确的立法统一标准难以对各地区统一规范、对各个管理领域统筹协调。

排污许可与环境影响评价、总量控制、环境执法、环境保护税等制度的有机融合不够，与噪声、固体废物、温室气体等领域的管理制度衔接有待探索突破；统计数据、监管数据、执法数据和监测数据等多套数据存在壁垒，相互尚未统一整合，大数据在执法、监管、废气及废水污染防治等方面的作用尚未显现，影响固定污染源排污许可的监管效率[129]。另外，排污许可证申请与环境影响评价审批填报内容要求有大量重复之处，排污单位需进行大量重复劳动，与目前“放管服”的大环境不相一致。

在管理平台建设上，目前国家已经建立全国排污许可证管理信息平台，但排污许可信息平台与环境统计、环境执法、污染源监测信息管理、重点污染源在线监测等生态环境数据平台尚未实现共享和统一，平台缺乏信息化、动态化功能建设，无法实现全国范围内排污许可证数据的深度挖掘应用、交叉验证等目标，无法实现各监督环节数据衔接互证，发挥监督结果的监管作用[136]。

6.4.2　缺少技术规范、核算制度亟需建立

排污许可制度的关键方法有两层含义。一是排污许可证管理技术，包括排污许可排放量的分配方式，对实际排放量进行监测与监管，落实企业主体责任，明确企业自行监测、统计、申报、公开污染排放行为等。二是行业治污管理技术，包括各行业的许可排放限值核定、末端治理设施管理等[133]。排污许可目前没有建立统一的核算制度，污染物许可排放量分配方法科学性不强，且没有跟环境质量和最佳可行技术真正挂钩。各地在对企事业单

位许可排放量进行核定时,大多以符合排放标准为标准,这样的核定方式能够与区域总量控制目标良好衔接,但均与环境质量的关联性弱。从顶层设计的角度思考如何提出基于环境质量的许可排放量核定思路,才能实现排污许可管理实现与其他各项关联制度的衔接。污染物许可量分配是排污许可制度的核心内容,直接关系着生态环境质量改善情况。许可量分配方法主要有总量减排、环境标准、环境影响评价等方法以及产排污系数法、排放绩效法等,国家层面已开展研究或发布的排污许可核发技术规范主要基于排放标准的要求,缺乏以环境质量为核心的许可排放限值核定方法的系统研究,且技术经济的可行性并没有充分考虑,分配存在不公平、不确定等局限[136,137]。

第七章　现行排污许可制度完善建议

综合上一篇针对太湖流域排污许可制度效果评估分析的实证案例分析可知太湖流域现行排污许可制度在证前、证中、证后存在顶层设计有待优化、技术规则有待完善、监管考核有待加强、责任义务有待明确等问题，本章首先结合国内外相关研究，针对证前、证中、证后存在的问题提出优化建议，然后从国家、地方以及企业不同层面提出排污许可证制度完善优化的具体落实措施。

7.1　证前、证中、证后制度完善建议

7.1.1　证前问题完善建议

完善立法保障机制。立法保障机制是排污许可制度开展的前提保障，应该在重点推动专项法修订、完善排污许可制度体系建设的基础上，启动上位法的制定，确定排污许可制度的核心地位和执行效力。一方面推动《噪声污染防治法》(中华人民共和国主席令第 104 号)、《海洋环境保护法》(全国人民代表大会常务委员会令第 9 号)的修订工作，探索将噪声和海洋等环境要素纳入排污许可管理的管理范围，实现排污许可制对环境管理要素的全覆盖。另一方面推动《大气污染防治法》《水污染防治法》《固体废物污染环

境防治法》《土壤污染防治法》等的后续修订，融合排污许可制度新的管理要求，如执行报告上报、自行监测等内容，并增加违反排污许可制度的法律责任规定及处罚措施。最后对照《排污许可管理条例》，逐项修订《排污许可管理办法(试行)》等文件，完善排污许可制度体系。并在此基础上启动《排污许可法》的编撰工作，确定排污许可制度的核心地位和执行效力[104,128]。

补充配套技术规则。生态环境部已于 2022 年 3 月印发《关于加强排污许可执法监管的指导意见》(环执法〔2022〕23 号)，还需要在此基础上尽快颁布重排污许可证清单式执法检查要点，明确排污许可执法检查的步骤、内容和关注要点，从技术和操作层面全链条指导监管人员开展执法检查工作，统一执法尺度，明确依证监管过程中的要求和重点[130]。

完善各级总量分配原则。在排污许可体系建设上，研究完善各级总量分配原则，充分考虑地区资源条件和经济发展的差异特色，确立科学、合理、因地制宜的国家、省、流域以及城市总量控制指标，并补充针对跨区域排污管理办法的设计。

完善排污许可量核定方法。实行更严苛的许可排放要求，以基于水质的流域排放标准限值来代替基于技术经济可行性的行业排放标准限值[138]。排污许可制度要更好地落地，需要密切结合区域流域的经济发展和环境管理实际特点，适应地方环境质量改善的目标需求，建立比基于排放标准更严格的污染物排放量核算方法，即基于环境质量、基于先进产业与污染防治技术的企业排污许可量核定方法。具体做法为：以排放贡献大的主要入河排污口作为着力点，弱化入河排污口对应的排污单位技术经济可行性和行业特征的特点；以改善断面水质目的、排污口距离控制断面的扩散条件等作为依据，建立“控制断面—入河排污口—污染源”间的水质响应关系；在有需求的控制单元制定基于水质改善的流域排放标准限值，并将排放限值在排污许可证中以许可排放量的形式载入[139]。

7.1.2 证中问题完善建议

鼓励第三方技术机构参与。第三方技术机构作为具有专业能力的环保机构，具有丰富的现场经验和资料审查能力。依托第三方技术机构可以在有限的时间里对排污许可实施进行监管和专业审核，可以有效解决环保部门业务压力大的问题。同时，对于企业来说，排污许可证核发后还有许多专业性较强的工作。对于缺少专业环保管理人员的部分企业，以及环保管理人员专业技术能力有限的单位，也可通过委托第三方技术机构参与排污许可证后环境管理工作的方式，建立完善环境管理制度，完成排污许可证后工作。环保部门应该加强对第三方排污许可证申报咨询服务机构的指导和培训，出台第三方技术机构市场准入条件（资质），确保机构的专业水平，建立统一的申报流程和标准[140]。并且可对技术机构建立信用档案，由环保部门对其工作进行综合打分评级，并将信用等级进行信息公开，促进第三方技术机构提高专业素质水平。

提高专职人员职业素养。作为从事排污许可证管理的环保部门专职人员必须切实加强自身业务培训学习，其中，各行业的《排污许可证申请与核发技术规范总则》、《排污单位自行监测技术指南总则》是排污许可证申报核发过程中的最重要技术类文件，环保部门专职人员必须要深入学习贯彻，同时也应该积极关注并主动学习生态环境部推出的一系列各行业的教学培训视频。在工作中，核发人员必须严格按照《排污许可管理条例》、《排污许可证申请与核发技术规范 总则》（HJ 942—2018）、《排污许可自行监测技术指南 总则》（HJ 819—2017）及相关法律法规、排放标准等要求，对企业排污许可证申请材料进行严格审查。核发工作人员应深入企业生产一线，对企业申报的主要生产流程工艺、生产设备、排污口设置、废气废水产排污节点、污染治理工艺和设施情况等内容进行现场核实，详细解答企业在填报过程中的碰到的各种疑难问题并指导企业针对许可证申请材料中存在的问题进行完善修改[141]。

7.1.3　证后问题完善建议

强化排污许可证后监管执法。污染物排放数据是排污许可执法的依据，排污许可证核发后，要实现监测数据的全过程管理，对排污许可证自行监测、环境管理台账与执行报告进行精细管理，要求排污单位对开展环境影响评价及排污许可证申报内容负责，对企业环境行为开展过程管理，并以此作为其履行排污许可量、总量控制指标、排污权交易的依据。当企业排放浓度超标或者现行的排放标准不能满足地方环境管理要求时，地方可以考虑出台更严格的排放标准并以排污许可证作为载体落实到企业的固定源管理中[142]。政府和环境保护部门作为执法部门应以身作则，根据监测数据和企业排污行为公平执法，依法处罚。企业作为排污主体应担负起控制污染物排放保护环境的责任，自觉遵守排放限值规定、严格要求自身活动。可建立企业诚信制度，完善对企业的信用评价，建立企业排污活动数据库和信息平台，鼓励企业遵守排污许可制度，加大对违法行为的惩罚力度。公众是污染物的直接受影响者和环境质量改善的直接受益者，公众理应担任起监督的角色，对不按排污许可证规定进行生产活动的企业进行举报，从而实现全社会、多责任主体、多利益主体的证后监管体系，确保排污许可制度发挥应有作用。

设置多元化监督考核机制。对执法部门的工作进行多元化监督考核，防止排污许可执法部门权力过大或出现不公执法行为，应设置权力机关、司法机关、公众监督、媒体监督等监督机制，对排污许可的执法方和排污主体进行双重监督，保证执法公平公正、保证企业遵守规定进行排污行为。

强化排污许可制度的公众参与。公众参与是环境法中的基本原则之一，公众参与机制的关键在于保障公众的知情权、参与权、表达权以及监督权[143]。引导公众、社会组织、新闻媒体对排污单位的排污行为进行监督，并保障公众对违法行为向环境保护主管部门举报的权力；采取简便、多元化且易被公众知情的公开方式，及时对全国排污许可证管理信息平台公开端的公开信息进行更新完善；落实保障公众对排污许可证申请、执行、变更、撤销等重大事项的知情权以及评论权。

强化属地监管责任。污染源管理，除了强化排污者的主体责任，同时还需强化属地的监管责任，目前《排污许可管理办法(试行)》对于排污者责任提出很多明确的规定，但对于属地环境主管部门的监管责任要求尚不明晰，建议强化属地环境管理的责任，明确各辖区排污许可证的监管机制，包括执法时间、执法事项、执法频次等原则性内容，并对执法监管不力环境主管主管部门的责任和惩处措施进行明确[144]。

7.2　国家、地方、企业落实措施

国家层面，政府应该加快完善立法保障机制，补充配套技术规则，综合考虑水环境质量目标、先进产业技术和污染防治技术对排污许可量进行核算。

省级(地方)层面，生态环境主管部门应提高专职人员职业素养、加大排污许可证后监管执法力度、鼓励第三方技术机构和公众参与。

企业层面，作为排污的主体，应强化自我监管责任意识，同时打破旧的思维定式，走绿色发展道路。

7.2.1　国家层面

目前国家已出台排污许可证制度相关的实施方案、管理办法、管理条例，对于证后管理的顶层设计已基本到位，但还需加快完善立法保障机制。补充配套技术规则，并针对证前的许可量核算制度，亟需建立科学统一方法，使得排污许可证真正成为企业排污的“紧箍咒”。加快制定合理规范的排污许可量的核算制度，基于水环境质量目标、先进产业技术和污染防治技术对排污许可量进行核算。充分考虑区域环境承载力，运用精细化水环境模型，基于水质现状、污染负荷及特征分析，建立流域(区域)污染源排放与水环境质量之间的响应关系，确定流域控制断面与水环境质量“双达标”的核算量。同时考虑到各行业间的差异，参考《排污许可证申请与核发技术规范总则》，分别针对各行业制定发布核算技术规范，应用多种核算方法。考虑到部分方法现有的计算公式及参数过于陈旧，已与企业实际生产情况存在差异，应联合工信部和行业协会组织企业自测自检，掌握最新的先进的生产情况，基于先进产业技术和污染防治技术更新完善各种方法对各行业生产工艺和污染治理工艺的计算公式及参数，构建公平、高效的污染物排放限值的核算制度体系。

7.2.2 省级或地方层面

排污许可证的核发与证后监管的责任由省级和地方生态环境主管部门负责，结合前文的分析，提出的建议主要在于提高专职人员职业素养、鼓励第三方技术机构参与、加大证后监管执法力度和完善排污许可公众参与四方面。

作为生态环境主管部门的排污许可专职人员必须切实加强相关的业务学习和培训。其中，各行业的技术规范、技术指南以及管理办法等均为排污许可证申报、核发、管理中的最重要技术文件，必须深入学习贯彻。对上要积极报名参加生态环境部组织的申请与核发技术规范培训班，对下要进一步强化对基层排污许可管理业务培训。在管理工作中，核发人员必须严格按照相关要求开展审查核实工作，同时深入企业实地核查，对企业申报的内容进行现场确认，确保核发的质量。定期开展面向企业排污许可相关培训答疑活动，指导帮助企业顺利开展申领以及后续管理工作。

第三方技术服务机构作为专业的环保机构，具备一定的专业经验，为了缓解生态环境主管部门的业务压力，生态环境主管部门可以选择委托第三方技术服务机构对排污许可开展和监督管理工作进行专业协助，解决其燃眉之急。并且，排污许可证申领之后还有一系列管理方面的工作，这些于企业，都是新事物，相对陌生。尤其是未设置专业环境保护管理人员的企业，以及相关人员专业技术水平有限的企业，都可聘请第三方技术服务机构帮助自身建立完善的环境管理制度，指导其证后管理工作的展开。

另外，生态环境主管部门需加强对第三方技术服务机构的培训和指导，出台第三方技术服务机构市场准入条件(资质),建立统一的申报流程和标准[145],以确保机构的专业水平。并且可由生态环境主管部门制定综合打分办法,对第三方技术服务机构的工作进行公平公正公开的打分评级,建立档案库,公开机构的级别得分以及信用等级等信息。不仅促进第三方技术服务机构提高专业素质水平,还能有效避免没有专业能力的机构浑水摸鱼。

省级生态环境主管部门应出台相关文件,要求地方生态环境主管部门落实排污许可证常态化执法检查,规范依证执法工作内容,将排污单位持证情况作为现场检查的必查内容。

按照“边执法监管、边推进完善”的要求,推动排污单位严格落实“持证排污、按证排污、自证守法”。排污许可证核发后,排污单位必须履行开展环评以及申领排污许可证时的承诺,实现监测数据的全过程管理。如果企业出现超标排放或者实际排放无法满足地方更严格的排放要求时,地方可以制定更加严格的排污许可限值加以限制。生态环境主管部门要对排污许可证自行监测、台账与执行报告进行精细管理、定期审核,检查企业执行报告报送情况,未按期上传执行报告的责令限期整改,发现许可证未载明管理要求以及遗漏事项,要求企业及时补办更换。

完善排污许可公众参与。公众参与是环境法的一项基本原则[143]。现行排污许可制度信息公开渠道有待完善,应在排污许可制度实施的全链条深化公众参与。目前,全国排污许可证管理信息平台公开端为公众了解具体执行情况提供了便利,公开了企业的排污信息。但是根据绩效评估结果显示,存在不少企业信息公开中的执行报告、自行监测信息未及时填报,且排污许可信息平台未实现排污单位数据的一体化管理,导致信息公开度较低,影响了公众的参与度。生态环境主管部门应及时开展排污许可台账、执行报告质量抽查工作,重点检查排污单位台账和执行报告内容的合规性以及排污数据的可信度。

同时生态环境主管部门要建立健全信息公开的方式和途径,加大信息公开详细程度。积极落实排污许可相关政策中鼓励公众、新闻媒体等对排污单位的排污行为进行监督的要求。开展持证排污单位二维码信息化管理工作，要求辖区内持证排污单位制作统一的二维码标识牌，在门口放置环保信息公示栏并设置排污信息二维码，有效增强排污许可证的信息透明度和公众参与度。

7.2.3 企业层面

强化自我监督意识。由于政策的制定是自上而下的模式，企业虽然是排污主体，但缺乏自下而上的思考和实践[146]。企业应强化自我监督意识，加强对制度的重要性认识，担负起控制污染物排放、保护环境的责任，自觉遵守排污许可规定、严格要求自身活动。严格遵照管理条例、管理办法中的要求开展排污管理工作，按规定的内容、频次和时间要求，向审批部门提交排污许可证执行报告，依法开展自行监测，保存原始监测记录，确保在全国排污许可证管理信息平台上自主填报的内容真实准确。

走绿色发展的道路。习总书记强调过："要打破旧的思维定式和条条框框，坚持绿色发展、循环发展、低碳发展。"企业在自身发展、减排环保的双压之下，走绿色发展的道路，打造循环经济才是最优的选择。以上文评估分析的印染企业为例，作为高耗能高排污的传统工业企业，首先要提高自身清洁生产水平，利用好国家的相关投入，依法定期实施清洁生产审核，对照清洁生产标准的指标要求自身。其次，印染行业有很多小型、微型企业，可以寻求政府牵线协助，让该类企业与大型印染企业战略交流合作，借鉴学习先进的印染技术和管理理念。还有，印染企业要把握住"一带一路"的政策机遇，联手开拓国际市场，打响中国特色品牌，进行优势产业布局。

第八章　排污许可证制度融合经验分析与融合方案

国务院印发的《控制污染物排放许可制实施方案》明确指出，将排污许可制建设成为固定污染源环境管理的核心制度，以排污许可制度为核心，全面推进排污许可制度，实现对固定污染源全生命周期的“一证式”监管，对打好污染防治攻坚战意义重大。

作为固定污染源管理的核心制度，应该做好排污许可制度与环境影响评价管理制度，融合总量控制制度融合衔接工作，为排污权交易、排污收费、环境统计等工作提供统一的污染物排放数据，减少企业单位的重复申报，减轻其单位负担，提高管理效能。

国家为促进排污许可制度与其他环境管理制度衔接与融合出台了相关法律文件、制定了相关政策，下面以排污许可制度为中心对与排污许可制度衔接融合相关的文件进行梳理，总结现行制度衔接与融合的发展状态，见图 8－1。

法律层面，2018 年修订的《中华人民共和国环境保护税法》第十五条规定了环境保护税制度与排污许可制度的衔接，要求生态环境主管部门与税务机关建立涉税信息共享平台和工作配合机制，排污单位的排污信息及税收信息应在两部门间定期交送。

政策层面，国家 2016 年出台《控制污染物排放许可制实施方案》（中华人民共和国主席令第 61 号），要求排污许可制度与环境影响评价制度衔接，实现新建项目建设、运营、监管的全过程污染控制管理；要求建立健全企事

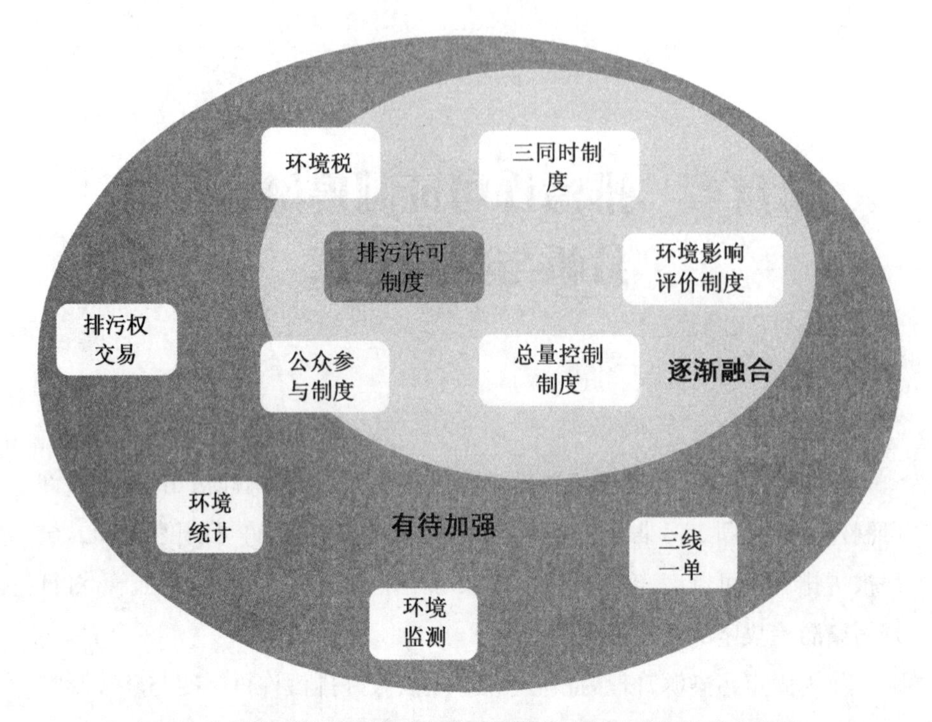

图 8-1 现行排污许可制度与其他环境管理制度的衔接融合情况

Fig. 8-1 The Connection and Integration of the Current Pollutant Discharge Permit System and Other Environmental Management Systems

业单位污染物排放总量控制制度，实现由行政区污染物排放总量控制向企事业单位污染物排放总量控制转变；要求运用市场机制，衔接环境保护税，引导企事业单位按证排污并诚信纳税。

2016 年，原环境保护部发布《"十三五"环境影响评价改革实施方案》（环环评〔2016〕95 号）的通知，要求建立环评、"三同时"制度与排污许可衔接的综合管理机制，对建设项目环评文件及其批复中污染物排放控制有关要求，在排污许可证中载明。将企业落实"三同时"作为申领排污许可证的前提，实现制度关联、目标措施一体。

2017 年，原环保部发布《关于做好环境影响评价制度与排污许可制衔接相关工作的通知》（环办环评〔2017〕84 号），明确了环评与排污许可制度的关系:环境影响评价制度是建设项目的环境准入门槛,是申请排污许可证的前提和重要依据。排污许可制是企事业单位生产运营期排污的法律依据,是确保环境影响评价提出的污染防治设施和措施落实落地的重要保障。要求做好《建设项目环境影响评价分类管理名录》和《固定污染源排污许可分类管理名录》的衔接,以在污染源建设前、建设中、运营中发挥有效的环境质量监管,促进各环境管理制度在污染源管理上的衔接。

《排污许可管理办法(试行)》要求做好排污许可证与环评制度的衔接,并鼓励公众参与行使监督、举报的权利。2017 年总量考核试点将总量控制与排污许可量核算进行衔接融合,总量控制制度与排污许可制度的有效衔接可以解决数据口径不统一、不规范的问题,有利于核定企业的许可排放量,将总量目标以排污许可证的形式落地。

《排污许可管理条例》指出申请排污许可证的单位需要提交建设项目环境影响报告书(表)批准文件或者环境影响登记表备案,并且满足重点污染物排放总量控制要求。

《"十四五"环境影响评价与排污许可工作实施方案》明确坚持制度衔接、形成合力,构建生态环境分区管控、规划环评、项目环评、排污许可有效联动体系,强化与执法、督察等制度的相互支撑。健全以环境影响评价(以下简称环评)制度为主体的源头预防体系,构建以排污许可制为核心的固定污染源监管制度体系,推动生态环境质量持续改善和经济高质量发展。

结合以上分析,可以看到目前排污许可制度与环境影响评价、三同时、总量控制制度衔接融合方面的通知文件较多、研究较为成熟;其次是环境税制度,有相关法律文件支撑;公众参与制度出现在各个环境管理制度中;以上几种制度与排污许可制度的衔接与融合较被重视,有较为丰富的文件、通知加快推进制度间的衔接与融合。环境统计、环境监测作为环境管理的基本手段对加快推进排污许可制度与其他环境管理制度的一体化融合有着重要意义,但由于统计数据库仍需加强建设,环境监测管理仍有待规范化,故未来仍需出具规范性文件,以使这两项制度发挥更大的作用。排污权交易和"三线一单"对于提升环境管理效率、增强管理的灵活性、优化固定污染源管理制度和确保环境质量得到改善具有重要价值，是构建“全过程、一体化”环境管理体系的重中之重。

国家已经出台了相关政策、推动环境管理制度的衔接与融合，并取得初步成效，但仍未能提供系统性的环境管理制度衔接与融合方案。

目前环评、三同时、总量控制、排污申报登记和排污税、排污权交易、公众参与等各项污染源管理制度仍表现得较为独立和分散，缺乏核心政策的顶层设计，没有基于排污许可证这一载体有效衔接和整合，导致整个污染控制体系臃肿而且缺乏有机联系，影响整体管理效能。

本章首先对国内先进地区排污许可证制度的融合方案及相关经验进行分析，然后针对现行排污许可制度在制度衔接与融合方面存在的问题给出相关完善建议，并分析排污许可制度与其他环境管理制度在衔接与融合方面应注意的关键点，制定太湖流域环境管理制度的初步融合方案。

8.1 先进地区排污许可制度融合经验总结

自生态环境部印发《排污许可管理办法(试行)》以来，全国各大省市积极响应，以此为据设计各区域的排污许可证管理实施方案。海南省、浙江省、广东省作为先进地区，在政策实施方面起到了良好的示范带头作用，通过对其排污许可实施及相关政策的学习研究，提炼出三地排污许可制度融合经验总结。

8.1.1 海南省排污许可融合经验总结

发布本省排污许可管理条例，加强制度建设。2020 年 1 月海南省发布了全国首个排污许可改革以来第一个排污许可地方法规《海南省排污许可管理条例》。通过地方法规形式明确规定了排污许可证具体内容、申报流程等内容，强化了排污许可法律地位。条例规定将环评及其审批意见中与排污相关的内容纳入排污许可，将排污许可执行情况作为环境影响后评价的重要依据；排污单位应建立生态环境管理制度，在污染物排放口位置设置信息化标识牌；并提出排污单位应当与有关部门共享实际排放监测数据，并将其作为环境统计、排污总量考核、排污权交易、环境保护税征收等工作的数据来源和依据。

联合多部门核发排污许可证。海南省联合水、大气、土壤管理部门和监测、执法等多个部门，建立排污许可核发团队，联合会签核发排污许可证。在排污许可证中明确各个部门对排污单位的要求，有利于提升排污许可制度的核心地位，成为证后监管的依据；作为证后监管主要负责部门的执法部门，全过程参与企业排污许可证的核发工作，将排污许可监管过程中发现的问题及结果与环评制度成果结合对比，检验优化环评制度及技术，提高环评作为前期预测的准确性及合理性。

整合现有环境管理系统，开发本地排污许可管理平台。海南省在国家排污许可管理平台基础上，进一步细化优化申请表单，开发具有审批、数据分析及日常管理功能的本地平台，并与国家平台实现对接。同时，对各环境管理工作系统统一整合，打通排污许可平台与环境影响评价、环境统计等管理系统的壁垒，使各项管理制度衔接更紧密[102]。

8.1.2　浙江省排污许可融合经验总结

建立改革试点，完善制度建设。作为排污许可制度改革试点省份，浙江省积极推进各项制度创新，建立台州、绍兴在内的 8 个改革试点，通过改革创新，完善制度，强化企业排污主体责任等措施，提升政府精细化管控水平和效能。

简化环评流程，优化事前审批。浙江省采取多种方法优化事前审批，简化环评流程。如通过环境影响评价备案制代替环境影响评价审批制，扩大豁免制的范围，实施告知承诺制等方式对环评流程进行简化，通过整合取消多余环节，优化审批流程。如取消“三同时”验收流程，将其纳入排污许可证管理,环境影响评价审批与排污许可证同步办理与发放,并将环评中的审批意见写入排污许可证。

完善信息化管理,实现数据共享。浙江省公共数据平台统一载入了排污许可信息和企业实际监测排放数据,将多套分散的环境管理数据融合统一,实现数据共享,为环境统计、排污税、排污权交易等提供基础数据。开发与全国排污许可信息平台链接的本地排污许可系统,实现与环评审批系统互联互通。浙江省还组建了集自动监测功能、刷卡排污功能、总量管理功能、环境统计功能、移动执法功能、视频监控功能为一体的"环保天眼"管理系统[49]。

8.1.3 广东省排污许可融合经验总结

环评审批、排污权交易辅助排污许可证"一证式"管理。2017 年 4 月,深圳市根据排污许可制度改革精神,第二次修订了"一证式"管理改革相关内容。实行排污总量指标全过程"一证式"闭环管理机制,即以"环评审批为前提、排污权交易为中间过程、排污许可证为载体、监管执法为保障",意味着针对排污企业的大气污染物、水污染物排放,由排污许可证集成环境影响评价文件及其批复、污染物排放标准、污染物排放总量控制、环境统计、重点排污单位环境监测、环境监管、排污权交易等多领域的环境管理要求,将排污许可证管理中产生的污染物排放数据作为固定污染源环境管理中的唯一数据依据,明确将排污许可证作为企业生产运营期间排污行为的唯一行政许可。

"双随机、一公开"制度。广东省加大对排污企业监测信息公开情况的检查监督力度,有关情况及时通报。督导地方及时公开重点排污单位名录,结合落实控制污染物排放许可制及"双随机、一公开"制度,做好重点排污单位自动监测及联网上传工作;公开各地区重点排污单位自动监测设施联网运行情况以及信息公开的抽查结果。

8.2 现行排污许可制度在衔接与融合方面的完善建议

针对排污许可制度在制度衔接与融合方面的问题诊断，结合相关研究，本节从优化顶层设计、完善技术方法、建立联动机制、强化证后监管、加强公众参与等方面提出现行排污许可制度的优化建议。

8.2.1 完善制定排污许可制度法律法规

完善“一证式”管理，需要明确排污许可制度在环境管理制度的核心地位和各部门职能分工。

一是要完善立法保障机制。立法保障机制可以为排污许可制度的实行提供前设性的保证，应在重点推动环保专项法修订、完善排污许可制度体系的基础上，启动上位法的制定，确定排污许可制度的核心地位和执行效力，并在法律层面理明排污许可制度与环境影响评价制度、环保验收制度之间的关系，让环保制度体系更加切合实际的生态环境工作，将“放管服”落到实处，着眼降低排污单位负担，构建以排污许可制度为核心的固定污染源管理制度，实现全过程、一体化、科学规范的环境管理模式[147-149]。

二是全面考虑各环境保护部门的参与和部门职能分工，处理好各部门的执法关系、避免部分工作重叠或某一运行过程无人监管的现象出现，提高管理部门工作效率减轻部门工作压力。应明确各个部门间的协作和工作时的合作关系，避免出现“多方监管、政出多门”的现象，规范管理体制、实现联动监管、强化证后监管，在提高部门工作效率的同时可以减少政策的投入成本。

三是要对执法部门的工作设置多元化监督考核机制，防止排污许可执法部门权力过大或出现不公执法行为，应设置权力机关、司法机关、公众监督、媒体监督等监督机制，对排污许可的执法方和排污主体进行双重监督，保证执法公平公正、保证企业遵守规定进行排污行为。

8.2.2 建立健全统一规范技术方法

排污量监测法、类比法、物料平衡法、排污系数法等污染物核算方法在排污许可证核发、环境影响评价、排污收费、环境统计等众多领域得到了广泛的应用，排污许可制度改革需要将这些核算方法进行规范统一，提供不同环境监管阶段的方法体系，规范监测监管过程，规范排污许可量核算与分配方式，构建公平、高效的环境管理体系。首先应建立点源污染物排放与区域环境质量之间的响应关系，基于环境质量和最佳可行技术对排放限值进行核定[150]。此外应加快更新完善实测法、物料衡算法、产排污系数法对各行业生产工艺和污染治理工艺的计算公式及参数。鉴于各行业这些方法过去的计算公式及参数与当前的生产实际存在较大脱节问题，需要通过各行业协会进行自上而下与自下而上相结合的大规模行业自测自检，摸清各行业的生产原料、生产工艺、生产设备、产品、污染物种类及产生量、污染治理工艺、污染治理设备等方面与实测法、物料衡算法、产排污系数法计算公式及参数的关系，从而更新完善相应计算公式及参数。最后应加快实现监测数据的全过程管理与应用，通过监测数据将环境影响评价制度、总量控制制度等环境管理制度和排污许可制度衔接起来，如排污许可证的数据校核可以对环境影响评价的类比法与平衡法进行有效应用。环境影响评价可以利用对排污许可证的监测数据，来提高环境影响评价结果的科学性和合理性。一旦制定统一的核算技术规范，掌握着大量企业监测数据，排污许可制度将在对评估建设项目环境影响进行预测以及采取相关防治措施方面发挥出更大的优势。

8.2.3 建立联动管理机制，完善统一数据库建设

排污许可制度应贯穿项目建设、企业运行、环境监管的全过程，从源头

预防到过程控制再到末端治理，实现全生命周期的污染物排放管理。一是结合环评制度，加强项目建设源头预防，鼓励排污企业使用消耗较少的原料与能源，对落后于时代发展潮流的设备和工艺要及时淘汰，使物料的综合利用率提高，积极引进先进的污染物防治与管理技术方法，削减污染物排放量以及排放浓度。二是细化排污许可制度本身的管理内容，通过排污许可的实施记录企业污染物排放情况、加强证后监管，督促检查企业按证排污、自行监测信息、执行报告、环境管理台账等情况，并加大排污许可证核发的范围，实现“核发一个行业、清理一个行业、规范一个行业、达标排放一个行业”的思路，通过排污许可证的核发的全面排查，实现对污染源环境管理的“全覆盖”。三是完善固定污染源统一数据库建设。逐步推进工商注册、电力能源、环境保护税征管等外部关联信息数据接入，加强排污许可相关数据的互联互通，深化固定污染源统一数据库业务联动和动态更新，推动全国固定污染源管理的信息共享和关联整合。尽量避免企业单位重复申报污染物排放信息数据，切实体现“简政放权”和减轻企业负担效能，真正形成“一证式”环境管理[130]。

8.2.4　完善公众参与制度、加强宣传教育

由于排污许可制度实施以来各环境保护制度的衔接关系有待完善，相关环境管理部门和社会媒体、公众对其作用的认识有待加强，随着排污许可制度的不断完善，应加强对排污许可制度的宣传，使环境保护部门熟悉排污许可制度的操作和实施，使企业顺利实现排污许可证的申请，开展污染物排放监测工作和数据的上传与填报，保证排污许可实施质量。公众是污染物的直接受损主体，同时也是生态环境质量改善的直接受益者，应在排污许可制度实施的全过程深化公众参与。公众理应担任起监督的角色，举报不按排污许可证的规定进行生产活动的企业，从而实现全社会、多责任主体、多利益主体的证后监管体系，确保排污许可制度发挥应有作用。一是宣传推广环境保护知识，向大众普及排污许可制度，提升公众的参与意识。二是建

立健全信息公开的方式和途径，加大信息公开力度和公开的详细程度，做好政务服务大厅、环保公众网站、手机客户端、新闻发布会等平台建设，通过电视、报纸、网站、广播、新闻客户端等多种方式进行政府信息公开，增强排污许可证的信息透明度和公众参与度。三是邀请利益相关的公众参与听证，维护公众权益。加强污染物排放和环境管理信息公开交流、增强参与环境保护工作的意识、提高公众参与程度、完善与公众参与制度的衔接将有效提升排污许可制度的实施效果，实现环境质量的改善。

8.3 现行排污许可制度和其他环境管理制度的衔接与融合方案

为提高环境管理工作效率，应将排污许可证作为点源环境管理体系的重要载体，以排污许可制度为核心及主线，协调整合各项环境管理制度，实现综合、系统、全面、高效的环境管理。下面分别梳理排污许可制度与其他环境管理制度衔接与融合时应注意的要点，并根据衔接与融合要点制定制度衔接与融合的初步方案。

8.3.1 制度衔接与融合要点

环境影响评价制度。目前关于排污许可制度与环境影响评价制度衔接融合的研究成果较多，且已有《关于做好环境影响评价制度与排污许可制衔接相关工作的通知》（环办环评〔2017〕84 号）、《“十四五”环境影响评价与排污许可工作实施方案》（环环评〔2022〕26 号）等相关文件出台。总体而言，两项制度在污染源管理的不同阶段存在着分工，在污染源建设前，需判断拟建污染源对环境的影响是否可接受，同时明确污染防治措施要求，主要遵守环评制度；在污染源建设期，要确保污染防治设施与主体工程同时设计、同时施工、同时投入使用，即以环评中的“三同时”制度为核心；在污染源运营期，则主要遵守排污许可制度的要求。有学者指出，排污许可制与环境影响评价制度在评价内容与审查标准方面存在高度重合，排污单位需要重复进行大量填报劳动，与目前大环境“放管服”的趋势不相一致[104,151]。在衔接时，需要修订相关法律法规、统一技术标准体系，并且建立联动管理机制[152,153]，推动形成环境影响评价与排污许可“一个名录、一套标准、一张表单、一个平台、一套数据”[154]。

第一，做好管理对象衔接。原则上需要加强对编制环评报告书项目管理，同时需要简化编制环评报告表上的项目。通过环境影响登记表备案与排污登记两项制度融合，实现“一次登记”，切实减轻小微企业负担[129]。

第二，做好技术体系融合衔接。在编制和审核环境影响评价报告时，我们需要综合考虑排污许可核发技术规范中所明确的各项要求，核对企业单位排污环节、污染物种类以及污染物排污情况。

第三，建立起完善的管理衔接机制。在项目改建或扩建进行环评评价过程中，我们可以将排污许可证执行状况作为重要的参考文件，结合执行报告自我监督，再次审核前期环境影响评价中所需要的各项要求。

第四，信息平台的衔接。为了与现有环境管理制度进行有效衔接，我们还需建立起更完善的信息平台和统一的环评信息申报系统，实现无缝对接，做到数据共享，确保各项关键信息的完整性和真实性[155]。

排污权交易。在排污许可制度和排污权的衔接方面，需要做好三方面的衔接：一是在法律属性方面的衔接，排污权是产权属性，排污许可证的许可排放量是行政属性的，二者在衔接时应注意保证已核排污权的合法有效性；二是在核算方法方面的衔接，初始排污权核定中，许可排放量应作为最高限值；三是在运行机制方面的衔接，主要针对监测基础较好、监管水平较高的行业开展排污权交易[156,157]，在排污许可证中载明企业排污权有偿使用和交易情况，明确通过清洁生产、压减产能等方式削减的污染物排放量可用作排污交易，提高排污企业主动进行技术升级、治污减排的积极性[153]。

总量控制制度。排污许可制作为实施容量总量控制的主要抓手，与总量控制制度融合需要在三个方面加以重视：一是对污染减排总量确定方法进行改革，主要包括逐步建立基于环境质量和基于不同时段的区域减排总量确定方法。二是对许可排放量分配方法进行调整，排污许可制取消了以往“自上而下层、层分解”的分配方式，由排污许可证确定企业污染物排放总量控制指标。总量分配方法要具有公平有效性以及可操作性，总量控制分配方法结合“自上而下”和“自下而上”方式，并密切结合行业的排放标准、流域实际排放量、环境质量改善目标和企业经济技术可行性等。三是明确实际排放量核算。通过排污许可证落实固定源减排核查核算方法，根据行业排污许可证申请与核发技术规范要求的实际排放量核算方法进行计算。完善自动在线监测网络，建立以自动监测为主的实际排放量核算与核定方法，并对企事业单位的污染物排放开展核查核算，如进行监督检查、随机抽查企业台账记录等[158]。

“三同时”制度。我国“三同时”制度比环境影响评价制度建立时间更早，因此建设项目环境管理可以人为分为两个阶段，即环评阶段和“三同时”执行阶段，“三同时”制度的执行情况可以通过环保设施竣工验收这一方式进行监督。环境管理被分割后在实施中缺乏灵活性，可以通过借助排污许可证制度的方式实现对环评制度与“三同时”制度的有效串联。首先，将“三同时”制度要求明确载入排污许可证，由于排污许可证内容已经覆盖了环评文件对于排污单位环保设施建设的相关要求，因此“三同时”制度的落实可通过监管排污许可证执行情况体现。其次，通过对建设期排污许可证制度执行情况进行监管也可代替环保设施竣工验收程序，如果建设项目在建设期完成后已经落实排污许可证所登载的相关要求，则也符合环保设施竣工验收的要求。最后，对于建设期排污许可证制度的执行监管，要着眼于环保设施是否有效建设运行、污染物排放是否符合环保要求等方面[159]。

环境保护税。排污许可制度与环境保护税收衔接方面，要注意以下几点工作：一是衔接好排污主体自行监测数据、环保部门执法监督过程中产生的监测数据和税务主管部门确定的纳税数据之间的关系，形成以环境监督统计结果为基础，以排污单位许可证实施情况为基础，以环保税征管措施为手段的全要素监督管理。二是确定环保部门和税务部门的职责，强化两个部门的协调配合，形成联席会议制、快速联系制、信息交换制和联合管理制等互动机制，完善以排污许可制为先导的生态环保监测、执行检测与企业纳税人认定、环保税申请审批、纳税追征等全过程的常态化部门间协调管理机制[103]。加强税源联合调查配合，税额认定协调，推进污染防治与环保税监管的协调共赢。三是确立依法纳税工作体制，将污染物排放浓度、总量及企业许可量纳入定税标准，规范工作方法、原则、指南，引导排污主体依法纳税。

环保贷。排污许可制度与环保贷衔接方面，要注意以下几点工作：一是衔接好排污许可证信息与环保贷额度的关系，即排污许可证中明确载明允许排放污染物种类、许可排放浓度、许可排放量等信息，为绿色金融中的质押贷款额提供依据；二是衔接好排污许可证有效期限与环保贷抵押年限的关系，即排污许可证的使用期限一般为 3—5 年，需要以许可证的最大期限为界限作为排污权的抵押年限；三是做好许可证为环保贷的担保工作，即在排污权抵押贷款中以《担保法》对排污许可证的支撑，使排污许可证拥有抵押物的担保价值。

环保信用评价。排污许可制度与环保信用评价衔接方面，要注意以下几点工作：一是环保信用评价以企业是否申领和执行排污许可证为评价指标，即企业以一系列排污许可制度安排构成了企业守法排污的制度体系，促使企业自觉履行环保责任；二是以企业环境信用评价等级为排污许可证年审提供参考；三是参考排污许可证的运作方式，建立环保信用评价全国统一的信息化系统，并实时通过信息化系统对外共享企业环保信用变化。

公众参与。在排污许可制度与公众参与相关制度的衔接方面，可以考虑排污许可制度与环境行政许可听证制度的衔接。具体包括三方面的准备：一是完善制度衔接的准备，即确保排污许可信息公开，优化信息公开方式；二是实现制度衔接的程序，即确定排污许可听证会的重要地位；三是完善制度衔接的保障，即加强社会监督，拓宽环境诉讼路径[160,161]。

环境监测。排污许可制度与环境监测衔接方面，要注意以下几点工作：一是推动污染源监测法律法规的修订完善，制定颁布《生态环境监测条例》，明确企业自行监测职责和生态环境管理部门的污染源监管职责。二是提高排污单位的自行监测能力,排污单位需要对监测数据负责,各级环境管理部门也应该对排污单位自行监测数据提出要求和具体指导,对排污单位自行监测数据有效性提出意见。三是实现排污许可与污染源信息系统互通共享,推动污染源监测数据与排污许可管理平台的高效衔接,将企业自行监测数据、生态环境部门监督性监测数据进行统一收集和管理[162]。

环境执法。排污许可制度与环境执法衔接方面,要注意以下几点工作:一是严格执法监管。逐步形成重点行业以排污许可制为核心的固定污染源执法监管体系。基于排污许可证开展清单式执法检查,明确排污许可证清单式执法检查要点,排污许可执法检查的操作流程以及关注要点。二是严惩违法行为。加大对无证排污、未按证排污等违法行为的查处力度。对偷排偷放、自行监测数据弄虚作假等恶意违法行为,综合运用按日连续处罚、吊销排污许可证、停产整治等手段依法严惩重罚。构成犯罪的企业和个人,依法追究其刑事责任。三是加快基层执法队伍和装备建设。按照装备现代化、人员专业化、管理制度化的要求开展执法机构标准化建设,提高环境执法队伍的专业化水平和能力技术。

8.3.2 制度衔接与融合方案

结合上述对制度间关系的梳理,提出排污许可制度与其他环境管理制度的衔接与融合方案,见图 8-2。

环境影响评价是对建设项目发放排污许可证的先决条件和重要依据,环评批复是核发排污许可证的重要判断依据与时间节点,排污许可证的核发是对环评制度的落实[163],也是排污权的确认凭证、排污交易的管理载体。实行“一证式”管理,建立环评制度、排污许可制度以及排污权交易之间数据和管理结果的联动机制,以环评审批为前提、排污权交易为中间过程、排污许可证为载体,可以有效落实环境评价的结果,实现排污许可制度在准入阶段的动态监管,修订此前固定污染源环境管理“多龙治水”的管理模式。

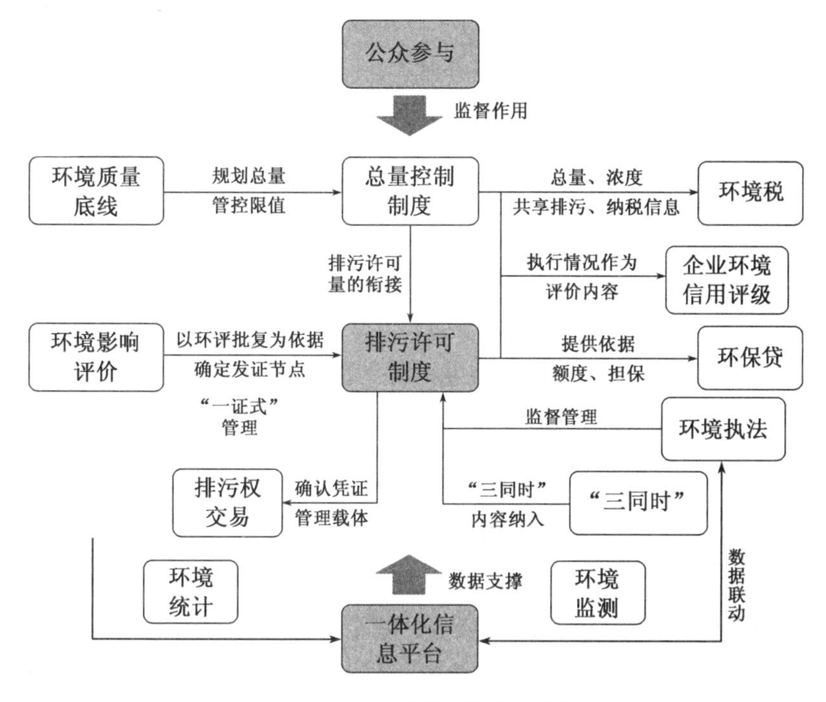

图 8－2　制度衔接与融合框架图

Fig. 8－2　Institutional Convergence and Integration Framework

由于“三同时”制度和排污许可制度均要审查污染防治设备、监测排污情况，将建设项目“三同时”制度的要求纳入排污许可证内容[164]，取消环保竣工验收行政许可，建设项目在投入生产或者使用前，由建设单位对照环评及批复文件或承诺备案的要求，委托第三方机构编制环保设施竣工验收报告，向社会公开，纳入排污许可证管理。可起到减轻制度冗余、减少管理成本、减轻排污单位负担的作用。

“三线一单”中的环境质量底线是规划污染物排放总量的依据，用环境质量底线确定总量控制的限值。总量控制制度应当作为排污许可制度落实许可排放量与实际排放量的重要抓手，促进排污许可制度与环境质量的有效衔接，实现环境质量改善的根本工作目标[165]。总量指标是排污许可制度的核心内容与排污许可条件的具体表现，但必须以排放标准达标为前提，达标结果可以通过总量考核确定。

将企业污染物许可排放总量、实际排放总量及排放浓度数据作为核算环境税的依据，可以实现不同企业间的公平性，并对许可排放量加以制衡。排污权交易和环境税制度相互制约，通过市场调节对排污许可量动态调整，保证污染物排放许可量分配结果的公平合理，促进企业技术进步并有利于加强证后监管。

将企业环境行为纳入企业信用评价系统，并以统一社会信用代码为唯一编码，与企业的生产、经营、评选、奖励制度联合，促进企业对环境管理的重视。并结合罚款等措施，构建真正有约束作用和管理作用的综合监管制度。

将许可排放污染物种类、排放污染物浓度、污染物排放量等信息明确载入排污许可证中，作为环境绿色金融中的质押贷款额等的凭据。在排污权抵押贷款中以《担保法》对排污许可证的支撑，使排污许可证拥有抵押物的担保价值。

加大执法力度，优化执法方式，创新执法理念，提高执法效能，实现排污单位自行监测、环境监测、执法监管联动，加强信息共享、通报反馈，构建排污许可执法监管联动机制。

各个环境管理过程结合环境监测、环境统计制度，搭建综合排污许可、环境监测、环境统计、排污交易、执法监管等管理过程为一体的综合数据信息管理平台，通过统一平台实现数据共享，建立全国各行业排污信息的电子监控中心，将相关数据信息进行规范化的衔接和整合，能有效解决数据来源不同的问题，并且对于摸清家底、联动监管意义重大。公众参与制度则贯穿于项目建设、运营、监管的全过程，公众可以通过参加环评会、听证会参与污染物排放管理工作中，在维护自身环境利益的同时，起到对排污单位和管理部门的监督作用。

具体操作过程中，首先应建立分类管理、分级管理制度(图 8-3)。固定污染源排污许可分类管理名录衔接环评分类管理名录，确定简化管理、重点管理名单，以环评批复为时间节点确定发证时间，排污许可作为后评估反馈环评制度的执行情况。并明确各部门管理权限，市级和区县级环保部门分别负责重点管理、简化管理排污单位的许可证核发工作。市级环保部门监督指导区县级环保部门，区县级环保部门协调市级分配的工作并及时反馈。

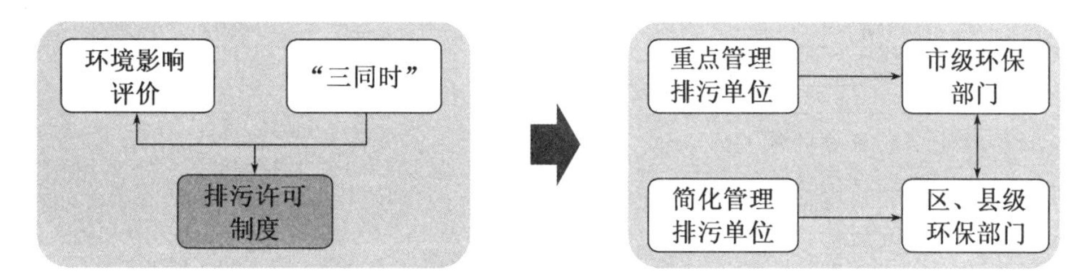

图 8-3　分类管理、分级管理制度框架图

Fig. 8-3　Framework Diagram of Classified Management and Hierarchical Management System

应加快建立排污许可总量核算方法体系在制度间实现技术联动（图 8-4），根据总量控制的要求、历史排污数据、环评核定量综合确定许可排放量，并结合当地的环境质量现状、环境保护目标、重污染天气及特殊时段的管控要求实现精细化、具体化的许可量核定，此外，各部门在管理上实现联动的同时，通过监测数据的辅助实现监管联动，并根据监测结果对排污许可量进行动态调整。排污许可浓度的核定可在国家规定的排放浓度标准范围内，结合企业的实际排放形式确定，对于接管排污企业，可允许其与受纳污水处理厂协议确定。

统筹建设“统一采集、统一建库，统一编码，统一公开”的污染源数据库[166]，建设固定污染源大数据管理平台和大数据应用平台（图 8-5、8-6），一方面通过数据的集成与共享，加强制度关联与制衡，对接排污许可、环境影响评价、环境统计、监察执法、信访投诉等业务系统，建设统一门户网站进行固定污染源信息的填报工作，解决固定污染源数出多门、重复填报的问题；另一方面通过优化数据公开方式，方便公众参与，实现全过程监管。积极推动企事业单位包括企业基础信息、排污情况、污染防治设施的建设运行情况、环境影响评价材料、突发环境事件应急预案等在内的环境信息公开，强化公众参与和社会监督[166]。

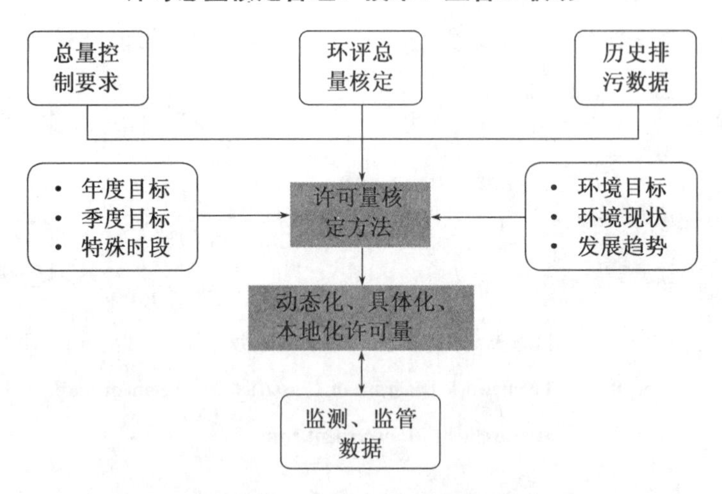

图 8-4　制度间技术联动框架图

Fig. 8-4　Inter Institutional Technical Linkage Framework

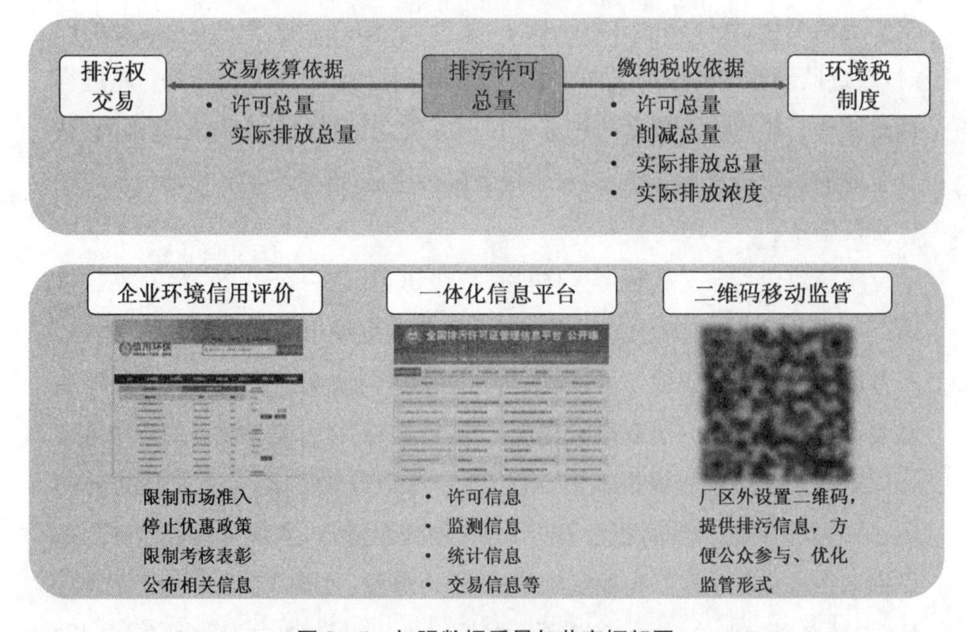

图 8-5　加强数据质量与共享框架图

Fig. 8-5　Framework Diagram of Strengthening Data Quality and Sharing

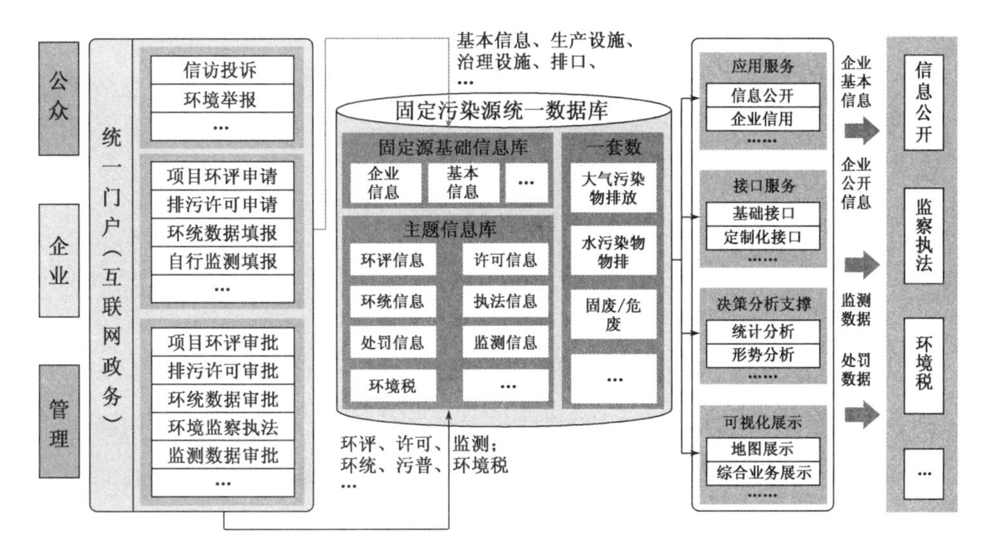

图 8-6　固定污染源统一数据库总体框架图[166]

Fig. 8-6　Framework Diagram of Strengthening Data Quality and Sharing

参考文献

[1] 姚志友,丁洁萍,许玲玲.我国排污许可证制度:运行现状、存在问题与改进——以浙江省S市K区为例[J].福建行政学院学报,2019(02):20-30.

[2] 刘敬武.排污许可证核发及执行现状及对策研究[J].环境与发展,2018,30(11):217-218.

[3] 王志芳,曲云欢.中瑞排污许可证制度比较研究[J].环境污染与防治,2013,35(05):101-104.

[4] 李挚萍.可持续发展原则基石上的环境法法典化——瑞典《环境法典》评析[J].学术研究,2006,12:69-74.

[5] 吴云波,黄娟.江苏省水环境保护战略研究[M].江苏省水环境保护战略研究,2012.

[6] 马冰,董飞,彭文启,等.中美排污许可证制度比较及对策研究[J].中国农村水利水电,2019,12:69-74.

[7] 张建宇.美国排污许可制度管理经验——以水污染控制许可证为例[J].环境影响评价,2016,38(02):23-26.

[8] FRYE R S. NPDES rules for industrial dischargers: new obligations, new opportunities[J]. Journal Water Pollution Control Federation, 1982, 54(10): 1349-1354.

[9] 蔡守秋.中国环境资源法学的基本理论[M].中国人民大学出版社,2019.

[10] 田爱军,刘建,吴云波,等.控制污染物排放许可制实施形势下做好企业环保管理的思考[J].环境与发展,2017,29(09):7-10.

[11] 贺蓉,徐祥民,王彬,王卓玥,张昱恒,崔金星.我国排污许可制度立法的三十年历程——兼谈《排污许可管理条例》的目标任务[J].环境与可持续发展,2020,45(01):90-94.

[12] 陈劭锋.2000—2005年中国的资源环境综合绩效评估研究[J].科学管理研究,2007,25(6):51-53.

[13] 刘强.能源环境政策评价模型的比较分析[J].中国能源,2008,30(05):26-31.

[14] SHEEHAN-CONNOR D. Environmental policy and vehicle safety the imapact of gasoline taxes [J]. Economic Inquiry, 2015, 53(3): 1606-1629.

[15] 王斓琪,于鲁冀,王燕鹏,等.基于"一证链式"排污许可内涵的固定污染源环境管理制度初探[J].生态经济,2020,36(12):187-192.

[16] 生态环境部规划财务司.中国排污许可制度改革:历史、现实和未来[N].2018-09-12.

[17] 张静,蒋洪强,程曦,等."后小康"时期我国排污许可制改革实施路线图研究[J].中国环境管理,2018,10(04):42-46.

[18] 柴西龙,邹世英,李元实,等.环境影响评价与排污许可制度衔接研究[J].环境影响评价,2016,38(06):25-27+35.

[19] 叶芳,王燕.双重差分模型介绍及其应用[J].中国卫生统计,2013,30(01):131.

[20] 水利部太湖流域管理局.太湖健康状况报告(2018)[R].2019.

[21] 刘烨彤,汤玥,马宗伟.江苏省太湖流域排污许可证制度绩效评估:以印染行业为例[J].环境科学与技术,2021,44(09):220-227.

[22] 胡惠良,谈俊益.江苏太湖流域水环境综合治理回顾与思考[J].中国工程咨询,2019(03):92-96.

[23] LIU E, YANG X, SHEN J, et al. Environmental response to

climate and human impact during the last 400 years in Taibai Lake catchment, middle reach of Yangtze River, China [J]. Science of the Total Environment, 2007, 385(1-3): 196-207.

[24] 宋国君,马中,姜妮. 环境政策评估及对中国环境保护的意义[J]. 环境保护,2003(12):34.

[25] 董战峰,吴琼,李红祥,等. 我国环境绩效评估制度建设的六大关键问题[J]. 环境保护与循环经济,2013,33(09):4-11.

[26] 杨玉楠,康洪强,孙晖,等. 美国环境类公共支出项目绩效评估体系研究[J]. 环境污染与防治,2011,33(01):87-91.

[27] 董战峰,王军锋."十三五",环境政策评估正当时[J]. 环境经济,2015,21:4.

[28] 宋国君,马中,姜妮. 环境政策评估及对中国环境保护的意义[J]. 环境保护,2003,12:35-38.

[29] 胡日东,林明裕. 双重差分方法的研究动态及其在公共政策评估中的应用[J]. 财经智库,2018,3(03):84-111.

[30] 王金南,曹东,曹颖. 环境绩效评估:考量地方环保实绩[J]. 环境保护,2009,16:23-24.

[31] 董战峰,张欣,郝春旭. 2014 年全球环境绩效指数(EPI)分析与思考[J]. 环境保护,2015,43(02):55-59.

[32] 王璐,王军锋,姜银苹. 美国环境政策评估理论与实践研究[J]. 未来与发展,2014,38(07):46-47.

[33] 王璐,王军锋,姜银苹. 美国环境政策评估理论与实践研究[J]. 未来与发展,2014,38(07):48-52.

[34] 李志军. 国外公共政策评估情况和主要做法以及对我国的启示(上)[N]. 2013-05-08.

[35] 郑准镐. 韩国政府绩效评估制度的发展演变[J]. 行政管理改革,2015,02:58-62.

[36] 田霞. 国内外公共政策绩效评估比较研究[J]. 会计之友(中旬刊),

2009(06):97.

[37] 王军锋,关丽斯,董战峰.日本环境政策评估的体系化建设与实践[J].现代日本经济,2016,4:60-69.

[38] 田霞.国内外公共政策绩效评估比较研究[J].会计之友(中旬刊),2009,06:98.

[39] 张军莉,严谷芬.我国宏观区域环境绩效评估研究进展[J].环境保护与循环经济,2015,35(04):64-69.

[40] 陈慧倩.环境政策对企业生产绩效的影响[D].复旦大学,2014.

[41] 陈雯.中国水污染治理的动态 CGE 模型构建与政策评估研究[D].湖南大学,2012.

[42] 曲超,刘艳红,董战峰.基于 DID 模型的流域横向生态补偿政策的污染——贵州省赤水河流域实证研究[J].生态经济,2019,35(09):194-198.

[43] 邓远建,肖锐,严立冬.绿色农业产地环境的生态补偿政策绩效评价[J].中国人口·资源与环境,2015,25(01):120-126.

[44] 彭靓宇,徐鹤.基于 PSR 模型的区域环境绩效评估研究——以天津市为例[J].生态经济(学术版),2013(01):358-362.

[45] 张家瑞,曾维华,杨逢乐,王金南.滇池流域水污染防治收费政策点源防治绩效评估[J].生态经济,2016,32(01):156-159.

[46] 龙凤,高树婷,葛察忠,王金南,杨琦佳.基于逻辑框架法的水排污收费政策成功度评估[J].中国人口·资源与环境,2011,21(S2):405-408.

[47] 王晨野,邢巧,岳平,吴晓晨.海南省饮用水水源保护环境绩效评估体系构建研究[J].中国农村水利水电,2015(04):132-137.

[48] 陈君君.福建省排污权有偿使用和交易工作评估分析[J].化学工程与装备,2016(12):269-271.

[49] 董战峰,郝春旭,刘倩倩,严小东,葛察忠.基于熵权法的中国省级环境绩效指数研究[J].环境污染与防治,2016,38(08):93-95.

[50] 董战峰,郝春旭,刘倩倩,严小东,葛察忠.基于熵权法的中国省级环境绩效指数研究[J].环境污染与防治,2016,38(08):93-96.

[51] 唐平秋,王英辉.广西生态建设的环境绩效评估研究[J].学术论坛,2015,38(03):52-56.

[52] 谢芳,李慧明.企业的环境责任与环境绩效评估[J].现代财经——天津财经学院学报,2005(01):40-42.

[53] 陈荣,谭斌,陈武权,李红华,曹茜.流域水污染防治绩效评估体系研究[J].环境保护科学,2011,37(05):48-52.

[54] 王浩文,鲁仕宝,鲍海君.基于DPSIR模型的浙江省"五水共治"绩效评价[J].上海国土资源,2016,37(04):77-82+88.

[55] 谢轶.组合赋权法确定清河流域总量减排绩效评估指标权重[J].环境保护科学,2014,40(01):28-31.

[56] 胡伟,龙庆华,钱茂,刘广兵.基于层次分析法的企业污水治理评价指标体系权重确定[J].环境污染与防治,2014,36(02):88-91+95.

[57] 顾进伟,张涛,董圆媛,沈红军.太湖流域水污染物减排绩效评估体系构建及指标权重的确定[J].环境与发展,2015,27(03):62-66.

[58] 董圆媛,张涛,顾进伟,沈红军.太湖流域水污染物总量减排绩效评估体系建立[J].中国环境监测,2015,31(05):22-26.

[59] 方颖,赵敏燕,吴以中,赵浩.太湖流域畜禽养殖不同污染减排模式的环境绩效评估[J].环境科学与技术,2014,37(S1):311-314+350.

[60] 关劲峤,黄贤金,刘红明,刘晓磊,陈雯.太湖流域水环境变化的货币化成本及环境治理政策实施效果分析——以江苏省为例[J].湖泊科学,2003(03):275-279.

[61] 马海良,乜鑫宇,李丹.基于污染指数法的太湖流域水污染治理效果分析[J].生态经济,2014,30(10):183-185+189.

[62] 王军锋,姜银苹,董战峰,等.欧盟环境政策评估体系及管理机制研究——推进我国环境政策评估工作的思考[J].未来与发展,2014,38(10):27-31+21.

[63] 宋国君,金书秦,冯时.论环境政策评估的一般模式[J].环境污染与防治,2011,33(05):100-106.

[64] 丁文广.环境政策与分析[M].北京大学出版社,2008.

[65] 李春瑜.财政支出政策绩效评价指标体系设计及实践要点[J].地方财政研究,2017,09:13-19.

[66] 董战峰,王军锋.环境政策评估制度框架应涵盖哪些内容?[J].环境经济,2015,21:8-9.

[67] 上海社会科学院政府绩效评估中心.公共政策绩效评估[M].上海社会科学院出版社,2017.

[68] 张金马.公共政策分析:概念过程方法[M].人民出版社,2004.

[69] DAVIS L W. The effect of driving restrictions on air quality in Mexico City [J]. Journal of Political Economy, 2008, 116(1): 38-81.

[70] OUESLATI W. Growth and welfare effects of environmental tax reform and public spending policy [J]. Economic Modelling, 2015, 45:1-13.

[71] CHEN Y Y, JIN G Z, KUMAR N, et al. The promise of Beijing: Evaluating the impact of the 2008 Olympic Games on air quality [J]. Journal of Environmental Economics and Management, 2013, 66(3): 424-443.

[72] HASSAN R, THURLOW J. Macro-micro feedback links of water management in South Africa: CGE analyses of selected policy regimes [J]. Agricultural Economics, 2011, 42(2): 235-247.

[73] GREENSTONE M, GALLAGHER J. Does hazardous waste matter? Evidence from the housing market and the superfund program [J]. Social Science Electronic Publishing, 123(3): 951-1003.

[74] 吴明琴,周诗敏.环境规制与污染治理绩效——基于我国"两控区"的

实证研究[J]. 现代经济探讨,2017,09:13-21.

[75] 丛晓男,马翠萍,王铮. 地缘政治经济框架下碳关税影响的多区域CGE模拟[J]. 世界地理研究,2014,23(03):1-11.

[76] 赵微,林健,王树芳,等. 变异系数法评价人类活动对地下水环境的影响[J]. 环境科学,2013,34(04):1277-1283.

[77] SAUER P, KREUZ J, HADRABOVA A, et al. Assessment of environmental policy implementation: two case studies from the czech republic [J]. Polish Journal of Environmental Studies, 2012, 21(5): 1383-1391.

[78] 程启月. 评测指标权重确定的结构熵权法[J]. 系统工程理论与实践,2010,30(07):1225-1228.

[79] 许树柏. 实用决策方法:层次分析法原理[M]. 天津大学出版社,1988.

[80] 张泽宇,曹彬彬,姚曼曼. 断点回归方法及其应用[J]. 统计与决策,2022,38(04):54-59.

[81] ASHENFELTER O, CARD D. Using the longitudinal structure of earnings to estimate the effect of training-porgrams [J]. The Review of Economics and Statistics, 1985, 67(4): 648-660.

[82] PAN X F, PAN X Y, LI C Y, et al. Effects of China's environmental policy on carbon emission efficiency [J]. International Journal of Climate Change Strategies and Management, 2019, 11(3): 326-340.

[83] 叶芳,王燕. 双重差分模型介绍及其应用[J]. 中国卫生统计,2013,30(01):132-134.

[84] 李小倩. 基于CGE模型的碳税效应模拟分析[D]. 河北经贸大学,2022.

[85] 刘巍,田金平,李星,刘婷,陈吕军. 基于数据包络分析的综合类生态工业园区环境绩效研究[J]. 生态经济,2012(07):125-128+148.

[86] 韩沐野. 基于系统动力模型的山西省旅游产业发展政策仿真研究[D].

中国地质大学(北京),2017.

[87] ZHANG J, NI S Q, WU W J, et al. Evaluating the effectiveness of the pollutant discharge permit program in China: A case study of the Nenjiang River Basin [J]. Journal of Environmental Management, 2019, 251:8.

[88] 赵伟.浅析上海市排污许可证后监管现状及对策[J].环境影响评价,2021,43(01):30-33+62.

[89] 刘宁,汪劲.《排污许可管理条例》的特点、挑战与应对[J].环境保护,2021,49(09):13-18.

[90] 王金南,吴雷宇,叶维丽,宋晓晖.中国排污许可制度改革框架研究[J].环境保护,2016,44(Z1):10-16.

[91] 梁忠.加快制度整合衔接,推进排污许可制改革[N].2019-11-08.

[92] 段菁春,云雅如,王淑兰,等.中国排污许可证制度执行现状调查[J].环境科学与管理,2012,37(11):20-24.

[93] LI L, XU X, LI R, et al. Discussions on the Pollutant Discharge Permit System in Chinese Taipei and Its References [J]. Environmental Science and Technology, 2017, 40(6): 201-205.

[94] WU W J, GAO P Q, XU Q M, et al. How to allocate discharge permits more fairly in China? A new perspective from watershed and regional allocation comparison on socio-natural equality [J]. Science of the Total Environment, 2019, 684: 390-401.

[95] YUAN Q, MCINTYRE N, WU Y P, et al. Towards greater socio-economic equality in allocation of wastewater discharge permits in China based on the weighted Gini coefficient [J]. Resources Conservation and Recycling, 2017, 127:196-205.

[96] SUN T, ZHANG H W, WANG Y A, et al. The application of environmental Gini coefficient (EGC) in allocating wastewater discharge permit: The case study of watershed total mass control in

Tianjin, China [J]. Resources Conservation and Recycling, 2010, 54(9): 601 - 608.

[97] RAO C, ZHAO Y, LI C. Incentive mechanism for allocating total permitted pollution discharge capacity and evaluating the validity of free allocation [J]. Computers and Mathematics with Applications, 2011, 62(8): 3037 - 3047.

[98] 杨静,葛察忠,段显明,等.基于排污许可证的环境经济政策研究[J].环境保护科学,2018,44(05):1 - 5.

[99] SHI M-L, WANG N, GUO X-Y, et al. A Review of Discussion on the Difference of Pollutant Discharge Permit Policy for the Pesticide Industry Between China and the US [J]. Journal of Ecology and Rural Environment, 2019, 35(2): 151 - 157.

[100] 朱惠珍.关于排污许可证与环评制度的衔接的思考[J].环境与发展,2020,32(08):210+212.

[101] 谭茜.浅析环境影响评价与排污许可制度的互动和衔接[J].低碳世界,2021,11(08):19 - 20.

[102] 程红艳,齐奋春.浙江、江苏、海南省环境影响评价与排污许可衔接经验及启示[J].广州化工,2020,48(16):102 - 103+164.

[103] 徐子义,冯勇.关于协同推进排污许可制与环境保护税的思考[J].皮革制作与环保科技,2022,3(01):149 - 151.

[104] 张君臣.环境影响评价、排污许可、环保验收三项环保制度比较分析[J].世界环境,2020(06):60 - 62.

[105]毛鹍,徐宪根,陆森森,刘智强,顾礼明,周游.常州市排污许可制落地实践[J].绿色科技,2018(22):11 - 13.

[106] 李崧,邱微,赵庆良,等.层次分析法应用于黑龙江省生态环境质量评价研究[J].环境科学,2006,05):1031 - 1034.

[107] 王金凤,刘臣辉,任晓明.基于层次分析法的城市环境绩效评估研究[J].环境科学与管理,2011,36(06):171 - 173+179.

[108] 顾晓昀,徐宗学,刘麟菲,等. 北京北运河河流生态系统健康评价[J]. 环境科学,2018,39(06):76-87.

[109] 刘思峰,蔡华,杨英杰,等. 灰色关联分析模型研究进展[J]. 系统工程理论与实践,2013,33(08):2041-2046.

[110] 王历,周忠发,侯玉婷,等. 基于投影寻踪聚类模型的喀斯特地区水环境质量评价分析——以荔波县樟江为例[J]. 水利水电技术,2018,49(03):111-118.

[111] 汪嘉杨,翟庆伟,郭倩,等. 太湖流域水环境承载力评价研究[J]. 中国环境科学,2017,37(05):1979-1987.

[112] 樊贤璐,徐国宾. 基于生态—社会服务功能协调发展度的湖泊健康评价方法[J]. 湖泊科学,2018,30(05):1225-1234.

[113] 严军,王婷,秦珏. 基于变异系数法的马鞍山江心洲生态敏感性定量研究[J]. 生态科学,2020,39(02):124-132.

[114] 冯程. 江苏省排污许可实施情况及对策建议[J]. 环境与可持续发展,2021,46(01):41-45.

[115] ROSENBAUM P R, RUBIN D B. The central role of the propensity score in observational studies for causal effects [J]. Biometrika, 1983, 70(1): 41-55.

[116] ASHENFELTER O, CARD D. Using the longitudinal structure of earnings to estimate the effect of training-porgrams [J]. The Review of Economics and Statistics, 1985, 67(4): 648-660.

[117] 吴明琴,周诗敏. 环境规制与污染治理绩效——基于我国"两控区"的实证研究[J]. 现代经济探讨,2017,09:13-21.

[118] HE P, ZHANG B. Environmental tax, polluting plants' strategies and effectiveness: evidence from China [J]. Journal of Policy Analysis and Management, 2018, 37(3): 493-520.

[119] CAI X Q, LU Y, WU M Q, et al. Does environmental regulation drive away inbound foreign direct investment? Evidence from a

quasi-natural experiment in China [J]. Journal of Development Economics, 2016, 123: 73-85.

[120] LAPLANTE B, RILSTONE P. Environmental inspections and emissions of the pulp and paper industry : The Case of Quebec [J]. Social Science Electronic Publishing, 1996, 31(1): 19-36.

[121] 吴建祖,王蓉娟. 环保约谈提高地方政府环境治理效率了吗?——基于双重差分方法的实证分析[J]. 公共管理学报,2019,16(01):54-65.

[122] PAN X F, PAN X Y, LI C Y, et al. Effects of China's environmental policy on carbon emission efficiency[J]. International Journal of Climate Change Strategies and Management, 2019, 11(3): 326-340.

[123] 叶芳,王燕. 双重差分模型介绍及其应用[J]. 中国卫生统计,2013,30(01):131-134.

[124] 林基,杨来科,赵捧莲. 内外资企业对中国碳排放影响的比较研究——基于省际面板数据的经验考察[J]. 亚太经济,2014,01:79-83.

[125] 王拯,刘晓华. 江苏省排污许可制度改革实践与探索[J]. 环境影响评价,2018,40(01):45-47.

[126] 王淑梅,荣丽丽,于杨. 国外排污许可证管理的经验与启示[J]. 油气田环境保护,2017,27(02),1-5.

[127] 纪志博,王文杰,刘孝富,等. 排污许可证发展趋势及我国排污许可设计思路[J]. 环境工程技术学报,2016,6(04),323-330.

[128] 王璇,郭红燕,郝亮,贾如.《排污许可管理条例》与相关环境管理法律制度衔接的研究分析[J]. 环境与可持续发展,2021,46(05):122-127.

[129] 邹世英,吴鹏,杜蕴慧,柴西龙,关睿. 排污许可制改革的重大现实意义及展望[J]. 环境影响评价,2021,43(04):1-5.

[130] 王焕松,王洁,张亮,董妍.我国排污许可证后监管问题分析与政策建议[J].环境保护,2021,49(09):19-22.

[131] 张军莉,严谷芬.我国宏观区域环境绩效评估研究进展[J].环境保护与循环经济,2015,35(04):64-69.

[132] 赵惊涛.排污权及存在的正当性[J].法制与社会发展,2009,15(01),112-121.

[133] 邓可祝.重罚主义背景下的合作型环境法:模式、机制与实效[J].法学评论,2018,36(02),174-186.

[134] 刘吉源.新时期排污许可证制度实际操作中的问题与对策[J].中国环境管理干部学院学报,2016,26(02),23-25.

[135] 蒋洪强,张静,周佳.关于排污许可制度改革实施的几个关键问题探讨[J].环境保护,2016,44(23),14-16.

[136] 张静,蒋洪强,程曦,等."后小康"时期我国排污许可制改革实施路线图研究[J].中国环境管理,2018,10(04),42-46.

[137] 林家睿.浅析如何实现环境影响评价制度与排污许可制度的有效衔接[J].法制与社会,2018,(16),25-26.

[138] 邓义祥,郝晨林,李子成,赵健,徐宪根,毛鹍.基于技术和水质相结合的排污许可限值核定技术研究[J].环境科学研究,2020,33(11):2515-2522.

[139] 叶维丽,周海洋,张金辉,张文静.基于水质目标的排污许可限值管理体系思考与建议[J].环境保护,2021,49(09):23-25.

[140] 王淑梅,荣丽丽,于杨.国外排污许可证管理的经验与启示[J].油气田环境保护,2017,27(02),60.

[141] 沐贤闻.排污许可证核发工作思路与措施研究[J].环境与可持续发展,2018,43(04):74.

[142] 叶维丽,张文静,韩旭,彭硕佳.基于排污许可的固定源环境管理体系重构研究[C]//.2017 中国环境科学学会科学与技术年会论文集,2017:145-149.

[143] 吕忠梅.论生态文明建设的综合决策法律机制[J].中国法学,2014,(03),20-33.

[144] 吴卫星.论我国排污许可的设定:现状、问题与建议[J].环境保护,2016,44(23),26-30.

[145] 沐贤闻.排污许可证核发工作思路与措施研究[J].环境与可持续发展,2018,43(04):75.

[146] 张炳,毕军,袁增伟,等.企业环境行为:环境政策研究的微观视角[J].中国人口·资源与环境,2007,03:40-44.

[147] 梁忠,汪劲.《排污许可管理条例》的立法问题及制度设计[J].环境影响评价,2018,40(03),23-26.

[148] 梁忠,汪劲.我国排污许可制度的立法定位与立法需求——对制定排污许可管理条例的法律思考(续)[J].环境影响评价,2018,40(02),20-23.

[149] 梁忠,汪劲.我国排污许可制度的产生、发展与形成——对制定排污许可管理条例的法律思考[J].环境影响评价,2018,40(01),6-9.

[150] 叶维丽,卢瑛莹.浙江排污许可制度改革试点初探[N].中国环境报,2016-04-12(3).

[151] 王社坤.环评与排污许可制度衔接的实践展开与规则重构[J].政法论丛,2020(05):151-160.

[152] 柴西龙,邹世英,李元实,等.环境影响评价与排污许可制度衔接研究[J].环境影响评价,2016,38(06),25-27+35.

[153] 李元实,杜蕴慧,柴西龙,等.污染源全面管理的思考——以促进环境影响评价与排污许可制度衔接为核心[J].环境保护,2015,43(12),49-52.

[154] 董战峰,连超,葛察忠."十四五"固定污染源排污许可证管理制度改革研究[J].中国环境管理,2020,12(02):28-33.

[155] 王维东.我国排污许可制度与环境管理制度衔接探究[J].清洗世界,2021,37(08):66-67+70.

[156] 蒋洪强,王飞,张静,等. 基于排污许可证的排污权交易制度改革思路研究[J]. 环境保护,2017,45(18),41-45.

[157] 吴婷婷. 排污权与排污许可制衔接探析[J]. 环境影响评价,2017,39(05),32-35.

[158] 薛育易,钱益斌,钟华勇. 污染物总量控制制度与排污许可制度等环境管理制度衔接研究——基于海南省的实践[J]. 环境与可持续发展,2019,44(06):126-128.

[159] 陈佳,卢瑛莹,冯晓飞. 基于"一证式"排污许可的点源环境管理制度整合研究[J]. 中国环境管理,2016,8(03):90-94+100.

[160] 秦怡然. 论我国排污许可制度与环境行政许可听证制度的衔接,新形势下环境法的发展与完善——2016 年全国环境资源法学研讨会(年会),中国湖北武汉,中国湖北武汉,2016.

[161] 谷碧馨. 整合视角下的排污许可证制度[D]. 中国政法大学,2016.

[162] 邱立莉,敬红,王军霞,夏青. 排污许可与污染源监测制度衔接探讨[C]//. 2020 中国环境科学学会科学技术年会论文集(第一卷). 2020:172-175. DOI:10.26914/c.cnkihy.2020.040381.

[163] 王金南,吴悦颖,雷宇,等. 中国排污许可制度改革框架研究[J]. 环境保护,2016,44(Z1),10-16.

[164] 邹海英. 排污许可"一证式"管理改革探讨[J]. 金融经济,2017,(16),127-128.

[165] 林浩. 浅谈三线一单、排污许可在规划环评中的应用[J]. 化学工程与装备,2018,(08),356-358.

[166] 王利强,杜爽,魏斌. 全国固定污染源统一数据库建设思考[C]//. 2019 中国环境科学学会科学技术年会论文集(第三卷),2019:803-808.